Hessen

Bigalke | Köhler

Mathematik

Gymnasiale Oberstufe

Qualifikationsphase

Grundkurs **Q1**

Lösungen

Herausgegeben von

Dr. Anton Bigalke Dr. Norbert Köhler

Erarbeitet von

Dr. Anton Bigalke
Dr. Norbert Köhler
Dr. Gabriele Ledworuski
Dr. Horst Kuschnerow

unter Mitarbeit der Verlagsredaktion

Cornelsen

Bigalke | Köhler

Mathematik

Umschlagfoto: Fotolia/pure-life-pictures
Grafik: Dr. Anton Bigalke, Waldmichelbach

In den Marginalien wird die Seitennummer der Aufgabenstellung im Lehrbuch angezeigt. Beispiel: 13

www.cornelsen.de

1. Auflage, 6. Druck 2024

Alle Drucke dieser Auflage sind inhaltlich unverändert und können im Unterricht nebeneinander verwendet werden.

Druck: Esser printSolutions GmbH, Bretten

ISBN 978-3-06-008534-7

PEFC
PEFC/04-31-2851

PEFC-zertifiziert
Dieses Produkt stammt aus nachhaltig bewirtschafteten Wäldern und kontrollierten Quellen
www.pefc.de

Inhalt

I. Einführung in die Integralrechnung
Die Möndchen des Hippokrates

13 1. Zunächst die rechte Figur:
Aus dem Quadrat (Kantenlänge 2a) sind 4 Viertelkreise (Radius a) abgetrennt.
Also $A = (2a)^2 - \pi a^2 = a^2(4-\pi)$
Linke Figur:
Hier ergänzen sich 2 abgetrennte Teile zur rechten Figur.
Daher: $A = (2a)^2 - 2a^2(4-\pi) = 2a^2(\pi - 2)$

2. Die gelb markierte Fläche erhält man, indem man von der Gesamtfläche den Inhalt der blau umrandeten Kreisfläche abzieht.
Gesamtfläche: Quadrat + 4 Halbkreise: $(2a)^2 + 2a^2\pi$
roter Kreis: Radius $r = a\sqrt{2}$: $2a^2\pi$
Differenz: $(2a)^2$ = Quadratfläche

3. Es liegen 3 Sichelflächen vor, die ähnlich sind zum Möndchen des Hippokrates (S. 12).
Daher gilt: $A_2 = (\frac{a}{\sqrt{2}})^2 = \frac{a^2}{2} = A_3$, $A_1 = a^2 = A_2 + A_3$

4. Aus $a^2 + b^2 = c^2 \quad |\cdot\frac{\pi}{8}$ folgt: $\frac{1}{2}(\frac{a}{2})^2\pi + \frac{1}{2}(\frac{b}{2})^2\pi = \frac{1}{2}(\frac{c}{2})^2\pi$, d.h.: $H_a + H_b = H_c$
Die große Halbkreisfläche H_c hat den gleichen Inhalt wie die beiden kleinen Halbkreisfläche H_a und H_b zusammen.
Spiegelt man H_c an der Seite c, so decken sich die drei Halbkreise teilweise. Der verbleibende Rest muss also ebenfalls gleichen Inhalt besitzen:
Dreiecksfläche = Sichel A + Sichel B.

5. Blaue Fläche = großer Halbkreis – Halbkreis mit $r = \frac{a}{2}$ – Halbkreis mit $r = \frac{b}{2}$
$A_r = \frac{1}{2}(\frac{a+b}{2})^2\pi - \frac{1}{2}(\frac{a}{2})^2\pi - \frac{1}{2}(\frac{b}{2})^2\pi = \frac{1}{4}ab\pi$
Nach Thales ist jedes Dreieck über dem Durchmesser mit der dritten Ecke auf dem Kreis rechtwinklig. Also ist c die Höhe eines solchen Dreiecks.
Höhensatz: $h^2 = qp$ bzw. $c^2 = ab$: $A_r = \frac{1}{4}ab\pi = \frac{1}{4}c^2\pi$

1. Die Streifenmethode des Archimedes

15

17

1.

n	Un	On
2	0,0625	0,5625
4	0,1406	0,3906
8	0,1914	0,3164
16	0,2197	0,2822
32	0,2346	0,2659
64	0,2422	0,2579
128	0,2461	0,2539

Es gilt: A = 0,25

2.

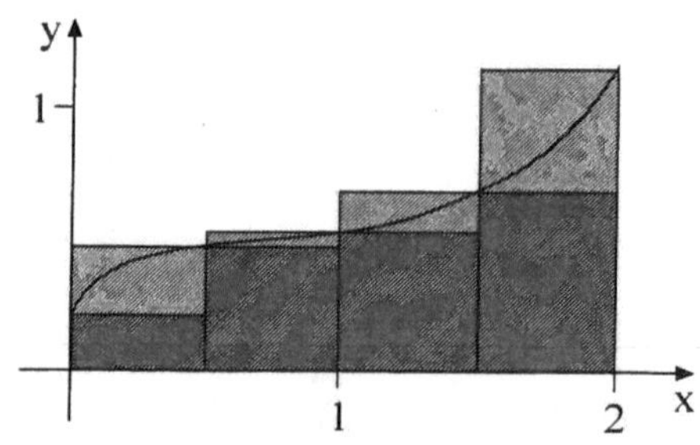

3. a) $U_4 = \frac{1}{4}[1+1+\frac{1}{4}+1+\frac{1}{2}+1+\frac{3}{4}] = \frac{11}{8}$, $O_4 = \frac{1}{4}[1+\frac{1}{4}+1+\frac{1}{2}+1+\frac{3}{4}+2] = \frac{13}{8}$ 17

$U_8 = \frac{23}{16}$, $O_8 = \frac{25}{16}$

b) $U_4 = \frac{3}{2}$, $O_4 = \frac{5}{2}$, $U_8 = \frac{7}{4}$, $O_8 = \frac{9}{4}$

c) $U_4 = \frac{7}{64}$, $O_4 = \frac{15}{64}$, $U_8 = \frac{35}{256}$, $O_8 = \frac{51}{256}$

d) $U_4 = \frac{63}{32}$, $O_4 = \frac{87}{32}$, $U_8 = \frac{275}{128}$, $O_8 = \frac{323}{128}$

e) $U_4 = \frac{11}{2}$, $O_4 = \frac{19}{2}$, $U_8 = \frac{51}{8}$, $O_8 = \frac{67}{8}$

f) $U_4 = \frac{49}{16}$, $O_4 = \frac{177}{16}$, $U_8 = \frac{1169}{256}$, $O_8 = \frac{2193}{256}$

4. a) $U_n = \frac{3}{2} - \frac{1}{2n} \underset{n\to\infty}{\to} \frac{3}{2}$, $O_n = \frac{3}{2} + \frac{1}{2n} \underset{n\to\infty}{\to} \frac{3}{2}$

b) $U_n = 2 - \frac{2}{n} \underset{n\to\infty}{\to} 2$, $O_n = 2 + \frac{2}{n} \underset{n\to\infty}{\to} 2$

c) $U_n = \frac{1000}{3} - \frac{1000}{2n} + \frac{1000}{6n^2} \underset{n\to\infty}{\to} \frac{1000}{3}$, $O_n = \frac{1000}{3} + \frac{1000}{2n} + \frac{1000}{6n^2} \underset{n\to\infty}{\to} \frac{1000}{3}$

d) $U_n = \frac{2}{3} - \frac{1}{n} + \frac{1}{3n^2} + \frac{1}{2} - \frac{1}{2n} \underset{n\to\infty}{\to} \frac{7}{6}$, $O_n = \frac{2}{3} + \frac{1}{n} + \frac{1}{3n^2} + \frac{1}{2} + \frac{1}{2n} \underset{n\to\infty}{\to} \frac{7}{6}$

5. $U_n = \frac{1}{n}[(\frac{1}{n})^3 + \ldots + (\frac{n-1}{n})^3] = \frac{1}{4} - \frac{2}{4n} + \frac{1}{4n^2} \underset{n\to\infty}{\to} \frac{1}{4}$
$O_n = \frac{1}{n}[(\frac{1}{n})^3 + \ldots + (\frac{n-1}{n})^3 + 1] = \frac{1}{4} + \frac{2}{4n} + \frac{1}{4n^2} \underset{n\to\infty}{\to} \frac{1}{4}$

6. $T_4 = \frac{1}{4}[(\frac{1}{4})^2 \cdot \frac{1}{2} + \frac{1}{2} \cdot ((\frac{2}{4})^2 + (\frac{1}{4})^2) + \frac{1}{2} \cdot ((\frac{3}{4})^2 + (\frac{2}{4})^2) + \frac{1}{2} \cdot ((\frac{4}{4})^2 + (\frac{3}{4})^2)] = \frac{11}{32}$
$U_4 = \frac{7}{32}$, $O_4 = \frac{15}{32}$, $d_T = \frac{11}{32} - \frac{1}{3} = \frac{1}{96}$, $d_U = \frac{1}{3} - \frac{14}{64} = \frac{11}{96}$, $d_O = \frac{30}{64} - \frac{1}{3} = \frac{13}{96}$
Das Ergebnis ist hier mehr als 10-mal besser, aber umständlicher zu berechnen. T_4 ist der Mittelwert von U_4 und O_4.

2. Die Flächeninhaltsfunktion

1. a) $A_0(x) = \frac{1}{2}x^2$ b) $A_0(x) = 2x$ c) $A_0(x) = \frac{1}{2}x^2 + 2x$ 18

2. Die Fläche ist ein Trapez: $A_0(x) = \frac{1}{2}(f(0) + f(x)) \cdot x = x^2 + 3x$

3. a) Setzt man im obigen Beispiel $\frac{1}{3} \cdot (i\frac{x}{n})^2$, so erhält man $A_0(x) = \frac{1}{9}x^3$. 19

b) $A_0(1) = \frac{1}{9}$, $A_0(2) = \frac{8}{9}$ c) $A = \frac{8}{9} - \frac{1}{9} = \frac{7}{9}$

20 4. a) $A_0(x) = \frac{1}{2}x^2 + x$ b) $A_0(x) = \frac{1}{3}x^3 + x^2 + 3x$ c) $A_0(x) = \frac{1}{2}x^4 + 2x^2 + x$
d) $A_0(x) = \frac{a}{3}x^3$

23 5. a) $f(x) = \frac{1}{3}x + 1$ b) $A_0(x) = \frac{1}{6}x^2 + x$

6. a) $(3x)' = 3 = f(x)$, $3 \cdot 0 = 0$ b) $(\frac{3}{2}x^2)' = 3x = f(x)$, $\frac{3}{2} \cdot 0 = 0$

c) $(x^2+2x)' = 2x + 2 = f(x)$, $0^2 + 2 \cdot 0 = 0$ d) $(x^4 + \frac{1}{2}x^2)' = 4x^3 + x = f(x)$, $0^4 + \frac{1}{2}0^2 = 0$

7. a) $A_0(x) = 4x$ b) $A_0(x) = \frac{1}{2}x^2$ c) $A_0(x) = \frac{3}{2}x^2 + x$

d) $A_0(x) = x^3$ e) $A_0(x) = \frac{1}{6}x^3$ f) $A_0(x) = \frac{1}{4}x^4 + x^2$

8. a) $A_0(x) = \frac{1}{16}x^4$, $A = 1$ b) $A_0(x) = \frac{1}{3}x^3 - x^2 + 2x$, $A = A_0(2) - A_0(1) = \frac{4}{3}$

9. a)

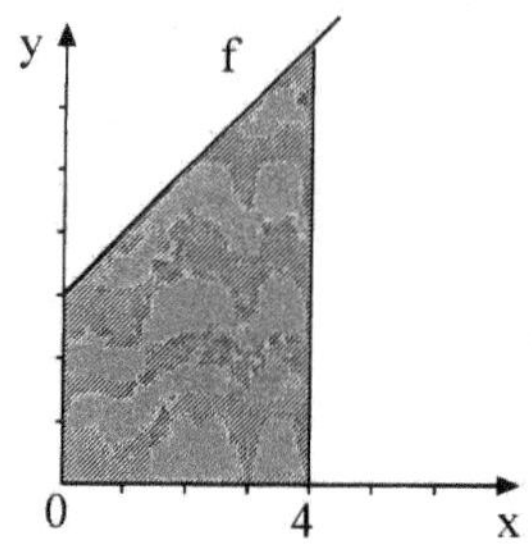

$A_0(x) = \frac{1}{2}x^2 + 3x$

$A = A_0(4) = 20$

b)

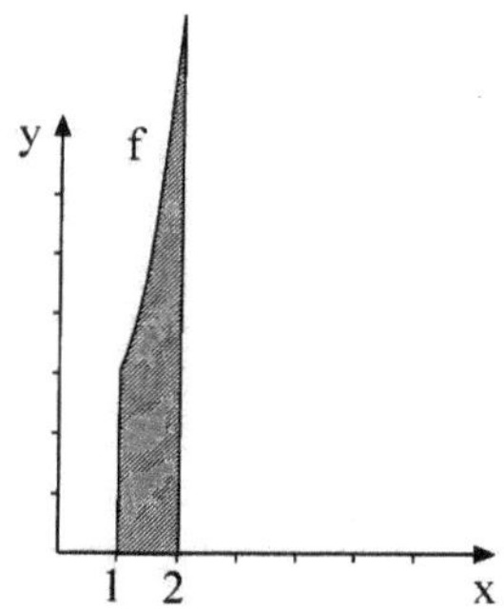

$A_0(x) = \frac{2}{3}x^3 + x$

$A = A_0(2) - A_0(1) = \frac{17}{3}$

c)

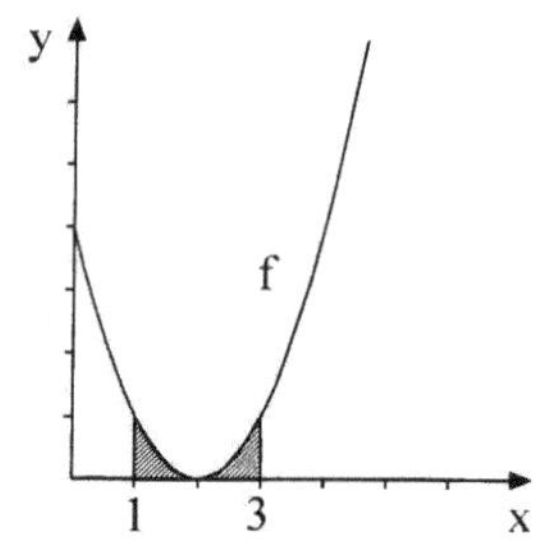

$A_0(x) = \frac{1}{3}x^3 - 2x^2 + 4x$

$A = A_0(3) - A_0(1) = \frac{2}{3}$

10. Dachprofil: $f(x) = 0{,}5 - \frac{2}{9}x^2$

$A_0(x) = 0{,}5x - \frac{2}{27}x^3$, $A = 6 + 2A_0(1{,}5) = 7\ m^2$
$V = A \cdot 1 = 7\ m^3$

24 11. $A_0(x) = \frac{1}{24}x^3 - \frac{1}{2}x^2 + 4x$, Querschnittsfläche: $A = 2A_0(4) = \frac{64}{3}$

$V = A \cdot 4 = \frac{256}{3} \approx 85{,}33$

12. $f(x) = \frac{1}{9}x^2 + 2$, $A_0(x) = \frac{1}{27}x^3 + 2x$, $A = A_0(3) - A_0(1) = 7 - \frac{55}{27} \approx 4{,}96$

13. a) $f(x) = \frac{5}{64}x^2 + 1$ **25**

b) $A = A_1 + A_2 + A_3$, $A_0(x) = \frac{5}{192}x^3 + x$

$A_1 = A_0(8) = \frac{64}{3}$ (Fläche unter f), $A_2 = 6 \cdot 2 = 12$ (Rechteck), $A_3 = 3{,}5 \cdot 2 = 7$ (Trapez)

$A = \frac{121}{3} \approx 40{,}33\ \text{m}^2$ beträgt die Querschnittsfläche insgesamt.

c) $V = A \cdot 500\,\text{m} = 20165\,\text{m}^3$, $1{,}8\frac{\text{g}}{\text{cm}^3} = 1{,}8 \cdot \frac{1000000\text{kg}}{1000\text{m}^3} = 1800\frac{\text{kg}}{\text{m}^3}$

$m = V \cdot 1800\frac{\text{kg}}{\text{m}^3} = 36.297.000\,\text{kg} = 36.297\,\text{to}$, $36297:20 = 1814{,}85$

Es sind 1815 Fahrten erforderlich.

3. Stammfunktion und unbestimmtes Integral

1. a) $\int 2e^{3-2x}dx \underset{\text{Faktorregel}}{=} 2\int e^{3-2x}dx = -e^{3-2x} + C$ (lin. Kettenregel) **29**

b) $\int 3\sin(3x)dx \underset{\text{Faktorregel}}{=} 3\int \sin(3x)dx = -\cos(3x) + C$ (Kosinusregel, lin. Kettenregel)

c) $\int (2e^{2x} - \frac{4}{x^2})dx \underset{\substack{\text{Summenregel}\\ \text{Faktorregel}}}{=} 2\int e^{2x}dx - 4\int \frac{1}{x^2}dx = e^{2x} + \frac{4}{x} + C$ (lin. Ketten-, Potenzregel)

d) $\int \frac{1}{(2x+1)^2}dx \underset{\substack{\text{Potenzregel}\\ \text{lin. Kettenregel}}}{=} -\frac{1}{2} \cdot \frac{1}{2x+1} + C$

e) $\int (4x+5)^3 dx \underset{\substack{\text{Potenzregel}\\ \text{lin. Kettenregel}}}{=} \frac{1}{16}(4x+5)^4 + C$

f) $\int e^{ax+b}dx \underset{\text{lin. Kettenregel}}{=} \frac{1}{a}e^{ax+b} + C$

1. a) $F(x) = x^3 + 6x$ b) $F(x) = -\frac{6}{x}$ c) $F(x) = -4e^{-x}$ **30**

d) $F(x) = -2\sin x$ e) $F(x) = \cos x$ f) $F(x) = 2e^{\frac{1}{2}x}$

g) $F(x) = -2x^{-2}$ h) $F(x) = -\frac{1}{k}e^{-kx}$

2. a) $F(x) = \frac{1}{7}x^7 + C$ b) $F(x) = 2x^3 + C$ c) $F(x) = \frac{1}{2}x^{2n} + C$

d) $F(x) = \frac{4}{3}x^3 + x^2 + C$ e) $F(x) = \frac{1}{2}x^4 - 2x^2 + x + C$ f) $F(x) = \frac{a}{3}x^3 + 3x^2 + C$

g) $F(x) = -\frac{3}{x} + C$ h) $F(x) = \frac{2}{3}x^3 + x + C$ i) $F(x) = \frac{1}{2}x^2 - \frac{3}{x} + C$

j) $F(x) = \frac{1}{2}e^{2x+2} + C$ k) $F(x) = -\frac{4}{e^x} + C$ l) $F(x) = -\cos x + 2\sin x + C$

30 3. a) $F(x) = \frac{1}{6}(2x+1)^3 + C$ b) $F(x) = 3e^{2x+4} + C$ c) $F(x) = -\frac{1}{3(3x+2)} + C$

d) $F(x) = 2x - \frac{1}{\pi}\sin(\pi x) + C$

4. I:C, II:D, III:E, IV:A, V:F, VI:B

5. a) Im 3. Schritt: $6 \cdot \int x^{-2}dx = -6 \cdot x^{-1} + C$

b) lineare Substitutionsregel: $\int (2x+1)^2 dx = \frac{1}{2} \cdot \frac{(2x+1)^3}{3} + C$

c) Im 1. Schritt: $\int (2e^{2x+1} + 6x)dx = e^{2x+1} + 3x^2 + C$

d) Im 1. Schritt: $\int (3x^2 + 2a)dx = x^3 + 2ax + C$

e) a ist die Integrationsvariable: $\int (3x^2 + 2a)da = 3x^2a + a^2 + C$

31 6. a) $F_c(x) = \frac{1}{3}x^3 + C$, $F_c(1) = 1$, $C = \frac{2}{3}$, $F_c(x) = \frac{1}{3}x^3 + \frac{2}{3}$

b) $F_c(x) = -\frac{1}{3}x^3 + x + C$, $F_c(0) = 4$, $C = 4$, $F_c(x) = -\frac{1}{3}x^3 + x + 4$

c) $F_c(x) = \frac{1}{2}x^2 + 2x + C$, $F_c(1) = 0$, $C = -2{,}5$, $F_c(x) = \frac{1}{2}x^2 + 2x - 2{,}5$

7. a) $f'(x) = -e^{-x} + 3x^2 + c$, $f(x) = e^{-x} + x^3 + cx + d$

$f'(0) = 0$: $-1 + c = 0$, $c = 1$

$f(0) = 2$: $1 + d = 2$, $d = 1$ $f(x) = e^{-x} + x^3 + x + 1$

b) $f''(x) = 6x + c$, $f'(x) = 3x^2 + cx + d$, $f(x) = x^3 + \frac{1}{2}cx^2 + dx + e$

$f''(1) = 0$: $6 + c = 0$, $c = -6$

$f'(2) = 1$: $3 \cdot 4 - 12 + d = 1$, $d = 1$

$f(2) = 0$: $8 - 12 + 2 + e = 0$, $e = 2$, $f(x) = x^3 - 3x^2 + x + 2$

4. Das bestimmte Integral

1. a) $\int_1^2 (x^2+1)dx = [\frac{1}{3}x^3 + x]_1^2 = \frac{10}{3}$ ist der Flächeninhalt unter f über $[1;2]$ 35

b) $\int_{-1}^2 (x-2)dx = [\frac{1}{2}x^2 - 2x]_{-1}^2 = -\frac{9}{2}$ Die Fläche unter f über $[-1;2]$ hat den Inhalt 4,5.

c) $\int_0^3 (2-\frac{1}{2}x^2)dx = [2x - \frac{1}{6}x^3]_0^3 = \frac{3}{2}$ Zwischen 0 und 3 liegt die Nullstelle $x = 2$.

Flächenbilanz:
Das oberhalb der x-Achse gelegene Flächenstück ist um $\frac{3}{2}$ größer als das unterhalb gelegene Flächenstück. $\int_0^2 (2-\frac{1}{2}x^2)dx = \frac{8}{3}$, $\int_2^3 (2-\frac{1}{2}x^2)dx = -\frac{7}{6}$

d) $\int_0^4 \sqrt{x}dx = [\frac{2}{3}x^{\frac{3}{2}}]_0^4 = \frac{16}{3}$ ist der Flächeninhalt unter f über $[0;4]$.

e) $\int_{-1}^1 x^3dx = [\frac{1}{4}x^4]_{-1}^1 = 0$ ist die Flächenbilanz.
Der Flächenanteil unterhalb der x-Achse entspricht dem oberhalb der x-Achse.

f) $\int_{-1}^2 (x^3-4x)dx = [\frac{1}{4}x^4 - 2x^2]_{-1}^2 = -\frac{9}{4}$ zwischen -1 und 2 liegt die Nullstelle $x = 0$.
Das oberhalb der x-Achse gelegene Flächenstück ist um $\frac{9}{4}$ kleiner als das unterhalb gelegene Flächenstück.
$\int_{-1}^0 (x^3-4x)dx = [\frac{1}{4}x^4 - 2x^2]_{-1}^0 = \frac{7}{4}$, $\int_0^2 (x^3-4x)dx = [\frac{1}{4}x^4 - 2x^2]_0^2 = -4$

2. a) $\int_{-1}^4 (3x^2-4x+1)dx = [x^3 - 2x^2 + x]_{-1}^4 = 40$ b) $\int_2^5 \frac{1}{x^2}dx = [-\frac{1}{x}]_2^5 = \frac{3}{10}$ 36

c) $\int_0^1 (x+1)^2 dx = [\frac{1}{3}(x+1)^3]_0^1 = \frac{7}{3}$

3. a) $\int_0^1 (3x^2+2a)dx = [x^3 + 2ax]_0^1 = 1 + 2a$

b) $\int_0^1 (3x^2+2a)da = [3x^2a + a^2]_0^1 = 3x^2 + 1$ c) $\int_1^2 x^2dy = [x^2y]_1^2 = x^2$

4. (1) $\int_a^a f(x)dx = F(a) - F(a) = 0$ (3) $\int_b^a f(x)dx = F(a) - F(b) = -(F(b) - F(a)) = -\int_a^b f(x)dx$ 37

37 5. a) $\int_{-2}^{3}(4x^2-3x+5)dx+\int_{-2}^{3}(3x-5)dx=\int_{-2}^{3}4x^2dx=[\frac{4}{3}x^3]_{-2}^{3}=\frac{140}{3}\approx 46{,}67$

b) $\int_{-2}^{2}x^2dx+\int_{3}^{5}x^2dx+\int_{2}^{3}x^2dx=\int_{-2}^{5}x^2dx=[\frac{1}{3}x^3]_{-2}^{5}=\frac{133}{3}\approx 44{,}33$

39 6. Bremsdauer: $\frac{200}{3{,}6}-10t=0,\quad t\approx 5{,}56$

Bremsweg: $\Delta s\approx\int_{0}^{5{,}56}(\frac{200}{3{,}6}-10t)dt=[\frac{200}{3{,}6}t-5t^2]_{0}^{5{,}56}\approx 154{,}32\text{m}$

7. $s=\int_{0}^{10}0{,}8t\,dt+\int_{10}^{20}8dt+\int_{20}^{40}\frac{1}{50}(t^2-80t+1600)dt$

$=[0{,}4t^2]_{0}^{10}+[8t]_{10}^{20}+[\frac{1}{50}(\frac{1}{3}t^3-40t^2+1600t]_{20}^{40}\approx 40+80+53{,}33=173{,}33\text{m}$

40 6. Mit dem Taschenrechner ruft man die Maske für das bestimmte Integral auf ($\int_{\square}^{\square}\square dx$) und gibt die Intervallgrenzen und die Funktionsgleichung des Integranden ein.
Resultat:

a) $\int_{0}^{\pi}\sin x\,dx=2$ b) $\int_{1}^{2}e^{-x^2}dx\approx 0{,}1353$

7. Taschenrechnereingabe:

$U_{100}=\frac{2}{100}\sum_{x=0}^{99}(0{,}5(x\cdot\frac{2}{100})^3),\quad O_{100}=\frac{2}{100}\sum_{x=1}^{100}(0{,}5(x\cdot\frac{2}{100})^3)$

Resultat: $U_{100}\approx 1{,}9602,\quad O_{100}\approx 2{,}0402,$ exakter Wert: 2

Test

1. a) $F(x) = \frac{1}{5}x^5 + C$ b) $F(x) = \frac{1}{2}x^4 - \frac{1}{2}x^2 + 3x + C$ 42

   c) $F(x) = -\frac{6}{x} + C$ d) $F(x) = \frac{1}{8}(2x+1)^4 + C$

   e) $F(x) = -2e^{-x} + C$ f) $F(x) = -\frac{3}{\pi}\cos(\pi x + \pi) + C$

   g) $F(x) = 2e^{2x+0,5} + C$ h) $F(x) = \frac{-2}{(2x+1)^2} + C$

   i) $F(x) = nx^n + C$

2. $F(x) = x^3 - x^2 + C$, $F(2) = -1$: $C = -5$, $F(x) = x^3 - x^2 - 5$

3. a) $\int(3 - 6x^2)dx = 3x - 2x^3 + C$ b) $\int_0^2 (2x - x^2)dx = [x^2 - \frac{1}{3}x^3]_0^2 = \frac{4}{3}$

   c) $\int_0^2 e^{-x}dx = [-e^{-x}]_0^2 = 1 - \frac{1}{e^2} \approx 0,865$ d) $\int_0^{\pi} \cos(\frac{1}{2}x)dx = [2\sin(\frac{1}{2}x)]_0^{\pi} = 2$

4. $\int_0^2 (x^3 - 3x^2 + 2x)dx = [\frac{1}{4}x^4 - x^3 + x^2]_0^2 = 0$

   Der Flächenanteil oberhalb der x-Achse über [0;1] ist genau so groß wie der unterhalb der x-Achse über [1;2].

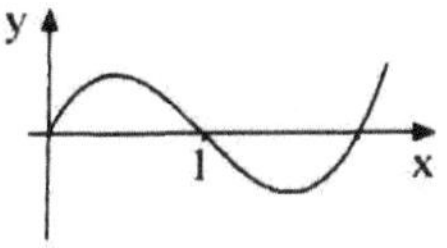

5. a) $F(x) = \frac{1}{9}x^3 + x$, $A = F(3) - F(1) = \frac{44}{9}$

   b) Spiegelung: $g(x) = -x^2 + 6x - 8$, Nullstellen: $x = 2$ und $x = 4$

   $G(x) = -\frac{1}{3}x^3 + 3x^2 - 8x$, $A = G(4) - G(2) = \frac{4}{3}$

6. a) $[ax^3 + 3x^2]_1^2 = 7a + 9 = 2$, $a = -1$

   b) $[x^2 + 5x]_2^a = a^2 + 5a - 14 = 0$, $a_1 = 2$, $a_2 = -7$

II. Anwendungen der Integralrechnung
1. Bestimmte Integrale und Flächeninhalte

45 1. $\int_0^{\pi/2} -\cos x\,dx = [-\sin x]_0^{\pi/2} = -1$, $\int_{\pi/2}^{4} -\cos x\,dx = [-\sin x]_{\pi/2}^{4} = -\sin 4 + 1 \approx 1{,}76$, $A \approx 2{,}76$

2. Flächen unter Funktionsgraphen

47 1. a) $A = \int_0^2 (x^2 - x + 1)dx = [\frac{1}{3}x^3 - \frac{1}{2}x^2 + x]_0^2 = \frac{8}{3}$ b) $A = \int_1^3 \frac{1}{x^2}dx = [-\frac{1}{x}]_1^3 = \frac{2}{3}$

c) $A = |\int_0^1 (x^3 - x)dx| = |[\frac{1}{4}x^4 - \frac{1}{2}x^2]_0^1| = \frac{1}{4}$ d) $A = |\int_0^1 (x^3 - x)dx| + \int_1^2 (x^3 - x)dx = \frac{5}{2}$

e) $A = \int_0^1 (-2x^2 + 2)dx = [-\frac{2}{3}x^3 + 2x]_0^1 = \frac{4}{3}$

f) $A(x) = \int_{-\sqrt{3}}^{0} (\frac{1}{2}x^3 - \frac{3}{2}x)dx + |\int_0^1 (\frac{1}{2}x^3 - \frac{3}{2}x)dx| = [\frac{1}{8}x^4 - \frac{3}{4}x^2]_{-\sqrt{3}}^{0} + |[\frac{1}{8}x^4 - \frac{3}{4}x^2]_0^1| = \frac{7}{4}$

48 2. a) Nullstellen: 0 und 3

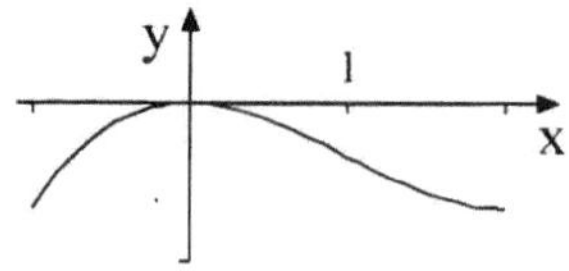

$\int_{-1}^{2} (\frac{1}{6}x^3 - \frac{1}{2}x^2)dx = [\frac{1}{24}x^4 - \frac{1}{6}x^3]_{-1}^{2} = -\frac{7}{8}$, $A = \frac{7}{8}$

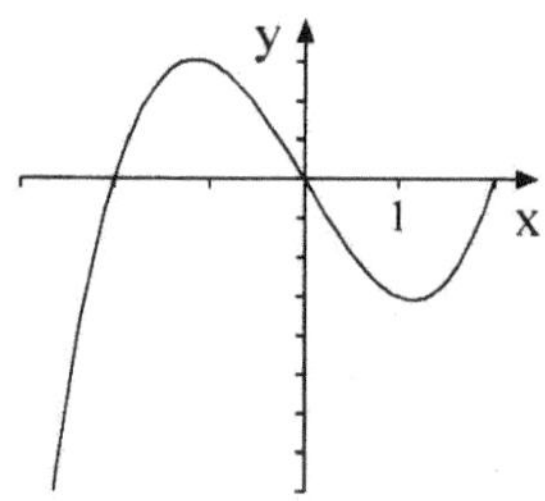

b) Nullstellen: ± 2 und 0, Ursprungssymmetrie

$A = |\int_{-3}^{-2} (x^3 - 4x)dx| + 2 \cdot \int_{-2}^{0} (x^3 - 4x)dx = \frac{25}{4} + 8 = 14\frac{1}{4}$

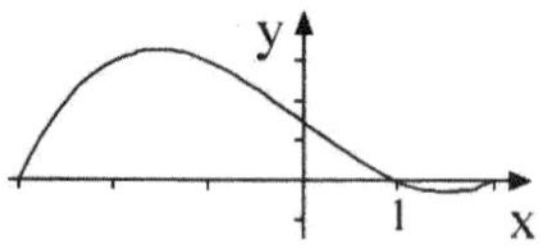

c) $f(x) = \frac{1}{4}(x^3 - 7x + 6)$, $F(x) = \frac{1}{4}(\frac{1}{4}x^4 - \frac{7}{2}x^2 + 6x)$

$A = F(1) - F(-3) + F(1) - F(2)$

$= 0{,}6875 + 7{,}3125 + 0{,}6875 - 0{,}5 = 8{,}1875$

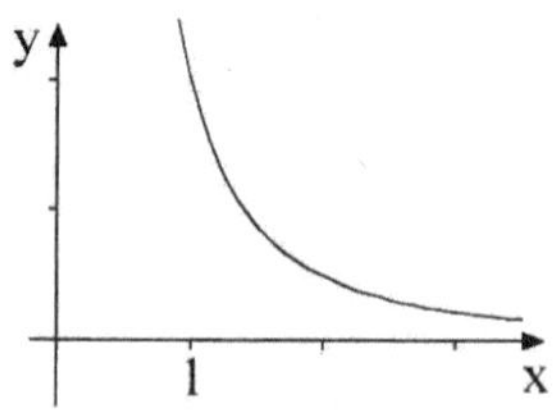

d) $F(x) = -\frac{2}{x}$, $A = F(3) - F(1) = -\frac{2}{3} + 2 = \frac{4}{3}$

3. $F(x) = -\frac{1}{6}x^3 + x^2$ 48

$A = F(4) - F(2) + F(4) - F(5) = \frac{16}{3} - \frac{16}{6} + \frac{16}{3} - \frac{25}{6} = \frac{23}{6} \approx 3{,}83$

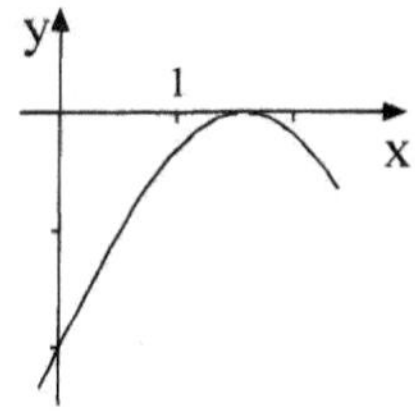

4. Nullstelle: $x = \frac{\pi}{2}$ 49

$F(x) = -2\cos x - 2x$, $A = F(0) - F(\frac{\pi}{2}) = -2 + \pi \approx 1{,}14$

5. a) $f(x) = g(x)$: $x = \pi, 2\pi$ 50

$$A_1 = \int_0^{\pi} (6 - \tfrac{3}{\pi}x)dx = [6x - \tfrac{3}{2\pi}x^2]_0^{\pi} = 4{,}5\pi \approx 14{,}14$$

$$A_2 = \int_0^{\pi} 3\sin(\tfrac{x}{2})dx = [-6\cos(\tfrac{x}{2})]_0^{\pi} = 0 - (-6) = 6, \quad A = A_1 - A_2 \approx 8{,}14$$

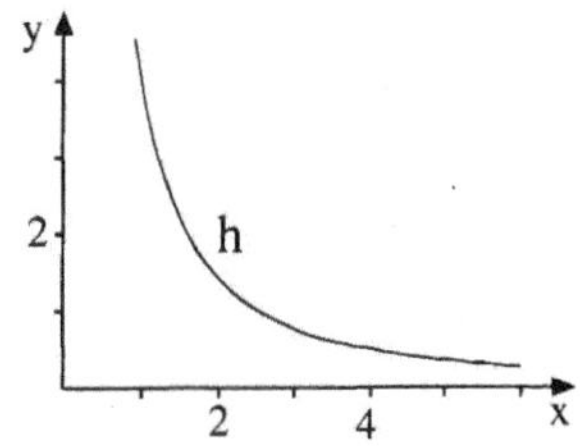

b) $A(u) = \int_{0,25}^{u} 4x^{-1,5}dx = [-8x^{-0,5}]_{0,25}^{u} = -8\frac{1}{\sqrt{u}} + 16 \underset{u\to\infty}{\longrightarrow} 16$

6. a) $f(x) = g(x)$ gilt für $x = 3$

b) $\int_0^3 (e^{\frac{8-x}{5}} - 2)dx = [-5e^{\frac{8-x}{5}} - 2x]_0^3 \approx 5{,}17$

$\int_0^{3\ln 2} (e^{\frac{x}{3}} - 2)dx = [3e^{\frac{x}{3}} - 2x]_0^{3\ln 2} \approx -1{,}16$, $\quad \int_{3\ln 2}^{3} (e^{\frac{x}{3}} - 2)dx = [3e^{\frac{x}{3}} - 2x]_{3\ln 2}^{3} \approx 0{,}31$

$A_1 \approx 5{,}17 + 1{,}16 - 0{,}31 = 6{,}02$ 51

c) $\int_0^{3\ln 2} f(x)dx = [3e^{\frac{x}{3}} - 2x]_0^{3\ln 2} = 6 - 6\ln 2 - 3 \approx -1{,}16$, $\quad A_2 \approx 1{,}16$

7. $4 = \int_{-a}^{0} f(x)dx = [\frac{1}{4}x^4 - \frac{a^2}{2}x^2]_{-a}^{0} = \frac{a^4}{4}$, $\quad a = 2$ 52

8. $\int_0^4 x^2dx = [\frac{1}{3}x^3]_0^4 = \frac{64}{3}$, $\quad [\frac{1}{3}x^3]_0^a = \frac{a^3}{3} = \frac{1}{8} \cdot \frac{64}{3}$, $\quad a = 2$

9. $f(x) = -ax^2 + a$, $\quad A = \int_0^1 f(x)dx = [-\frac{a}{3}x^3 + ax]_0^1 = \frac{2}{3}a = 1$, $\quad a = \frac{3}{2} \Rightarrow f(x) = -\frac{3}{2}x^2 + \frac{3}{2}$

10. $f(x) = ax^2 + bx + c$, $\quad f(0) = -1$, $\quad c = -1$

$f'(x) = 2ax + b$, $\quad f'(4) = 0$, $\quad b = -8a$

$\int_0^1 (ax^2 - 8ax - 1)dx = [\frac{1}{3}ax^3 - 4ax^2 - x]_0^1 = -\frac{11}{3}a - 1$, $\quad A = \frac{11}{3}a + 1 = 12$, $\quad a = 3$

$f(x) = 3x^2 - 24x - 1$ A unterhalb der x – Achse!

52 11. Die Parabel ist nach unten geöffnet und hat die Nullstellen $x_1 = 0$ und $x_2 = u$, daher: $p(x) = -ax(x-u)\ (a > 0)$.
Der Scheitelpunkt ist $S(\frac{u}{2} \mid 9)$: $p(\frac{u}{2}) = \frac{a}{4}u^2 = 9 \Rightarrow a = \frac{36}{u^2}$

$$\int_0^u -\frac{36}{u^2}(x^2 - ux)dx = [-\frac{36}{u^2}(\frac{1}{3}x^3 - \frac{u}{2}x^2)]_0^u = 6u = 36 \Rightarrow u = 6, \quad a = 1 \Rightarrow f(x) = -x^2 + 6x$$

53 12. a) $A = \frac{1}{4}$ b) $A = \frac{5}{3}$ c) $A = \frac{8}{3}$

13.

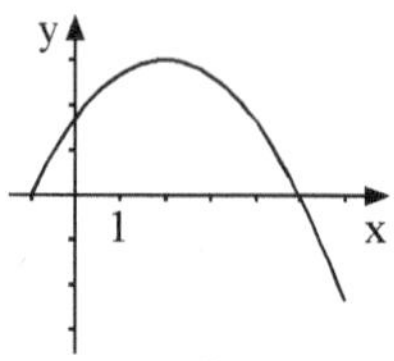

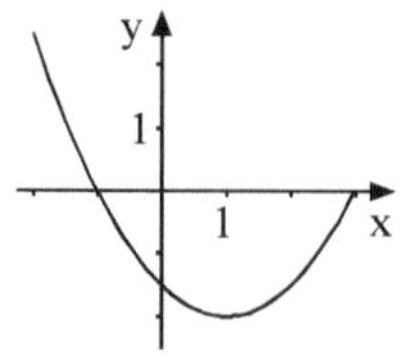

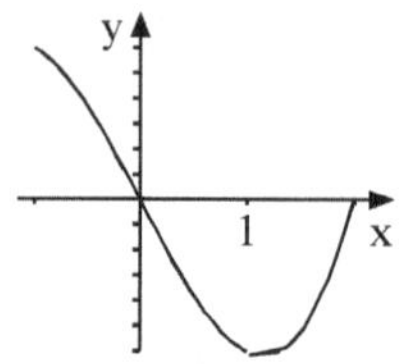

a) $A = 10 + \frac{8}{9} \approx 10{,}89$ b) $A = \frac{7}{6} + \frac{32}{6} = \frac{13}{2}$ c) $A = 3{,}5 + 8 = 11{,}5$

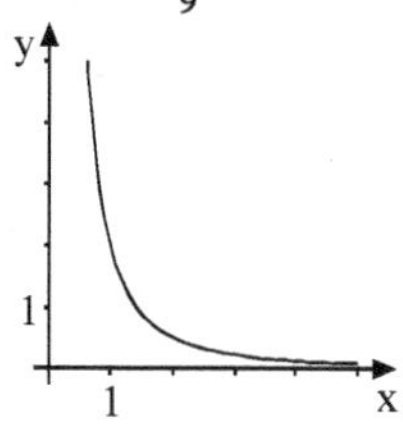

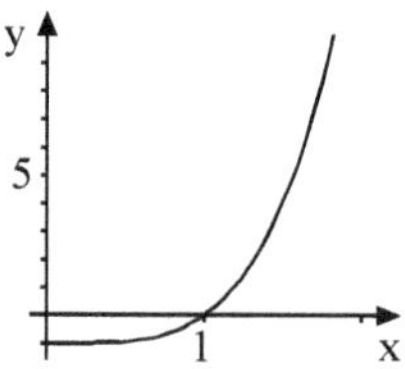

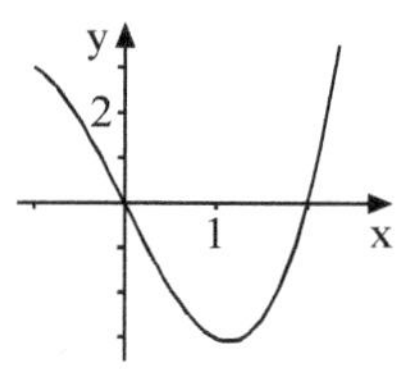

d) $A = \frac{8}{5}$ e) $A = 0{,}30625 + 5{,}2 = 5{,}50625$
f) $A = 1{,}75 + 4 + 1{,}265625 = 7{,}015625$

14. a) $x = -2,\ x = -1,\ x = 2,\ A \approx 5{,}91$ b) $x = -2; -1; 1; 2,\ A \approx 3{,}26$
c) $x = -2; 0; 2,\ A \approx 3{,}90$ d) $x = 0; 3,\ A = 2{,}625$

15. a) Nullstellen: −3, 0, 1 , $A \approx 7{,}33 + 0{,}58 + 11{,}39 = 19{,}3$
b) Nullstellen: −2, 1 (doppelt) , $A = 6{,}75 + 1{,}25 = 8$
c) Nullstellen: −2, 1, 3 , $A = 10{,}667 + 2{,}417 = 13{,}084$
d) Nullstellen: ±1 , $A = 6{,}533 + 2{,}933 + 53{,}066 = 62{,}532$

16. $g(x) = \frac{1}{4}(3 + 2x - x^2)$, $G(x) = \frac{1}{4}(3x + x^2 - \frac{1}{3}x^3)$, $h(x) = \frac{1}{4}(x^2 - 9)$, $H(x) = \frac{1}{4}(\frac{1}{3}x^3 - 9x)$
$A = 2(G(3) - G(0) + H(0) - H(3)) = 2(\frac{9}{4} - 0 + 0 + \frac{18}{4}) = 13{,}5$

56 17. $F(x) = \frac{3}{100}(-\frac{1}{12}x^4 + \frac{5}{3}x^3)$, $A = 2(F(10) - F(0)) = \frac{6}{100}(-\frac{10000}{12} + \frac{5000}{3}) = 50$
$f(10) = 5 \Rightarrow$ Rechteckfläche $= 100 \Rightarrow$ Querschnittfläche $= 100 - 50 = 50$
Der Inhalt des Querschnitts beträgt 50 m².

18. Torbogen: $f(x) = -1{,}2x^2 + 4{,}8$ (Ursprung: Bodenmitte unter dem Torbogen)
Fläche unter f: $A = 2\int_0^2 f(x)dx = 2[-\frac{1{,}2}{3}x^3 + 4{,}8x]_0^2 = 2(-\frac{9{,}6}{3} + 9{,}6) = \frac{38{,}4}{3} \approx 12{,}8$
Flächeninhalt des Turms: $A_T \approx 80 - 12{,}8 = 67{,}2$; Höhe des Angebots: 1680 Euro

19. Ansatz: $f(x) = ax^3 + bx^2 + cx + d$, $f'(x) = 3ax^2 + 2bx + c$ 56

a) $f(0) = 6,\ d = 6$

$f(2) = 3,\ 3 = 8a + 4b + 2c + 6$

$f(4) = 0,\ 0 = 64a + 16b + 4c + 6$

$f'(2) = 0,\ 0 = 12a + 4b + c$

Resultat: $f(x) = -\frac{3}{8}x^3 + \frac{9}{4}x^2 - \frac{9}{2}x + 6$

b) $F(x) = -\frac{3}{32}x^4 + \frac{3}{4}x^3 - \frac{9}{4}x^2 + 6x$, $A = F(4) - F(0) = 12\ \text{km}^2$

Ganz ohne Integralrechnung:

Schneidet man parallel zur x–Achse bei y = 3 das Flächenstück ab, passt es um 180° gedreht genau in die Rechteckfläche rechts vom Wendepunkt. Also $A = 3 \cdot 4 = 12\ \text{km}^2$

20. a) $f(x) = \frac{1}{25}x^2 - \frac{2}{5}x + 2$

b) $f(1) = f(9) = \frac{41}{25} \mathrel{\hat{=}} 16{,}4\text{m}$, $f(2) = f(8) = \frac{34}{25} \mathrel{\hat{=}} 13{,}6\text{m}$

$f(3) = f(7) = \frac{29}{25} \mathrel{\hat{=}} 11{,}6\text{m}$, $f(4) = f(6) = \frac{26}{25} \mathrel{\hat{=}} 10{,}4\text{m}$

c) $F(x) = \frac{1}{75}x^3 - \frac{2}{10}x + 2x$

Tafel 1: $A_1 = A_4 \approx 149{,}33\ \text{m}^2$

Tafel 2: $A_2 = A_3 \approx 109{,}33\ \text{m}^2$, $A = A_1 + A_2 + A_3 + A_4 \approx 517{,}32\text{m}^2$

3. Flächen zwischen Funktionsgraphen

1. $A = 4{,}5$ — 2. $A = 0{,}333$ 57

3. $A = 3{,}0833$ — 4. $A = 0{,}417$ 58

5. a) $A = 1{,}333$ — b) $A = 21{,}333$ — c) $A = 0{,}296$ 59

d) Schnittstelle: $x = -2$, Berührstelle: $x = 1$, $A = \frac{27}{16} = 1{,}6875$

e) Schnittstellen: $x = 1$ und $x = 4$, $A = \frac{27}{8} = 3{,}375$

f) Schnittstellen: $x = 0$ und $x = 3$, $A = 6{,}75$

6. a) $$A = \int_0^a (-2x^2 + 2a^2)dx = [-\tfrac{2}{3}x^3 + 2a^2x]_0^a = \tfrac{4}{3}a^3 = 36,\quad a = 3$$

b) $$A = \int_0^a (ax - x^2)dx = [\tfrac{a}{2}x^2 - \tfrac{1}{3}x^3]_0^a = \tfrac{1}{6}a^3 = \tfrac{4}{3},\quad a = 2$$

c) $$A = \int_0^{1/a} (1 - a^2x^2)dx = [x - \frac{a^2}{3}x^3]_0^{1/a} = \frac{2}{3a} = \frac{2}{3},\quad a = 1$$

7. Schnittstellen: −7, 0, 1 , $A = 1{,}25$ 60

8. Grenzen: 0, 1 , $A = 1{,}417$

9. a) Grenzen: −2, −1, 0, 1 ; $A = 2{,}25 + 0{,}25 + 0{,}25 = 2{,}75$ 61

b) Grenzen: −1, 0, 2 ; $A = 1{,}75 + 4 = 5{,}75$

10. Grenzen: −3, −2, 0, 2 ; $A = 3{,}125 + 2 + 2 = 7{,}125$

62 11. a) Schnittstellen: $-3 ; 2$, $A \approx 10{,}42$

b) Schnittstellen: $0 ; 12$, $A = 144$

c) Schnittstellen: $-2 ; 0$, $A = \frac{4}{3}$

d) Schnittstellen: $-2 ; 0$, $A = \frac{1}{3}$

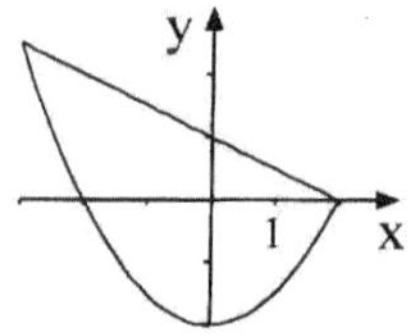

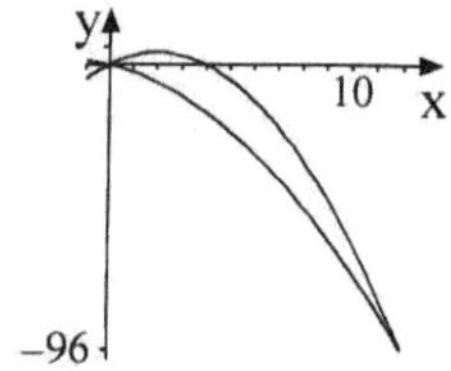

12. a) Schnittstellen: $-1, 1$, $A = 0{,}667$

b) Integrationsstellen: $-1, 1$, $A = 10/3$

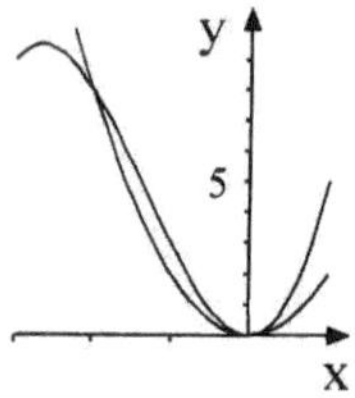

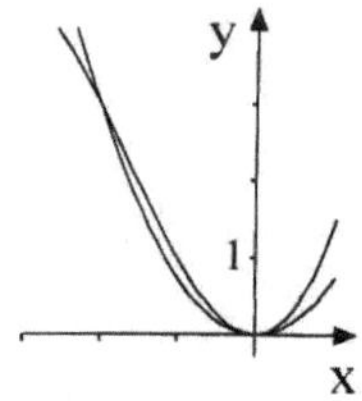

13. a) Grenzen: $0, 1, \sqrt[3]{2}$, $A = 0{,}5 + 0{,}119 = 0{,}619$

b) $f(x) = x^2$, $g(x) = 2x + 2$, $h(x) = x^2 - 2x + 2$

Grenzen: $1 - \sqrt{3}$, $0, 1$, $A = 0{,}797 + 1 = 1{,}797$

14. a) Schnittstellen: $0 ; \frac{1}{a}$, für $a = 0{,}5$

b) Schnittstellen: $-2a ; a$, für $a = 1$

c) Schnittstellen: $0 ; 2+a$, für $a = 4$

d) Schnittstellen: $-a ; 0 ; a$, für $a = 2$

15. Grenzen: $-\sqrt{\frac{1}{a}}$, 0, $\sqrt{\frac{1}{a}}$; $a = 4$

16. $A_{gelb} = \frac{1}{12}$, $A_{blau} = \int_{-\sqrt{a}}^{0} (x^3 - ax)dx = \frac{a^2}{4} = \frac{1}{12}$, $a = \sqrt{\frac{1}{3}} \approx 0{,}577$

63 17. a) $f'(x) = 0{,}15x^2 + 0{,}5x - 0{,}2$, $f'(-5) = 1{,}05$

$t(x) = 1{,}05(x+5) + 2 = 1{,}05x + 7{,}25$

b) Für $x \to \infty$ gilt $f'(x) \to \infty$, also übersteigt die Steigung von f die von t.

c) $\int_{-5}^{5} (t(x) - f(x))dx = \int_{-5}^{5} (-0{,}05x^3 - 0{,}25x^2 + 1{,}25x + 6{,}25)dx = \frac{125}{3} \approx 41{,}67$

64 18. $f(x) = 0{,}2x^2 - 0{,}8$, $g(x) = -0{,}4x^2 + 1{,}6$

Integration von $g - f$ über $[-2 ; 2]$ liefert

$A = 6{,}4\ cm^2$ und daher $V = 10{,}24\ cm^3 = 10240\ mm^3$.

65 19. a) obere Parabel: $f(x) = -\frac{4}{36}x^2 + 4$, untere Parabel: $g(x) = \frac{5}{36}x^2 - 5$

b) $A = 2\int_{0}^{6} (f(x) - g(x))dx = 2[-\frac{1}{12}x^3 + 9x]_0^6 = 72\ m^2$ beträgt die Gebäudefront.

20. a) $f(x) = -x + 10$

b) $A = \int_{-10}^{10} (f(x) - g(x))dx = [-\frac{5}{4000}x^4 + \frac{1}{4}x^2 + 10x]_{-10}^{10} = 200$

ohne Integralrechnung: Schneidet man längs der x-Achse das untere Flächenstück ab und dreht es um 180°, so kann man es am Flusslauf zu einem Dreieck zusammenfügen.

Also $A = \frac{1}{2} 20 \cdot 20 = 200$

21. a) $f(x) = -\frac{1}{8}x^2 + 2$, $g(x) = \frac{3}{16}x^2 - 3$ 65

b) $A = \int_{-5}^{-4}(g(x) - f(x))dx + 2\int_{-4}^{0}(f(x) - g(x))dx = [\frac{5}{48}x^3 - 5x]_{-5}^{-4} + 2[-\frac{5}{48}x^3 + 5x]_{-4}^{0}$

$\approx 1{,}35 + 26{,}67 = 28{,}02$

Der Flächeninhalt des Logos beträgt ca. 28,02 dm^2.

c) Fensterfläche: $A_F = 9 \cdot 5 = 45\ dm^2$

Der Anteil Logo:Fensterfläche beträgt also ca. 62 %, d.h. ca. 31 % Lichtreduktion.

d) $d(x) = f(x) - g(x) = -\frac{5}{16}x^2 + 5 = 2{,}5$, $x = \pm\sqrt{8} \approx \pm 2{,}83$

Im Bereich $-2{,}83 \le x \le 2{,}83$ ist das Logo mindestens 25 cm hoch.

Bzw. $d(x) = g(x) - f(x)$: $-5 \le x \le -4{,}9$, d.h. der letzte cm Schwanzende ebenfalls

22. a) $g(x) = -\frac{1}{4}x^2 + 5$, $h(x) = \frac{1}{2}x - 1$

b) $A = 2\int_{0}^{2}(g(x) - f(x))dx + 2\int_{2}^{4}(g(x) - h(x))dx$

$= 2[\frac{1}{20}x^5 - \frac{5}{12}x^3 + 5x]_0^2 + 2[-\frac{1}{12}x^3 - \frac{1}{4}x^2 + 6x]_2^4 \approx 16{,}53 + 8{,}67 = 25{,}2$

Der Flächeninhalt beträgt also ca. 25,2 ha oder 252000 m^2.

c) $n(x) = -\frac{1}{6}x^2 + 2$, $A = 2\int_{0}^{3}(g(x) - n(x))dx + 2\int_{3}^{4}(g(x) - h(x))dx$

$= 2[-\frac{1}{36}x^3 + 3x]_0^3 + 2[-\frac{1}{12}x^3 - \frac{1}{4}x^2 + 6x]_3^4 \approx 16{,}5 + 2{,}33 = 18{,}83$

Das ergibt 1883 Parzellen.

23. a) $f(x) = -\frac{1}{8}x^2 + 4$, $g(x) = -\frac{1}{128}x^4 + \frac{1}{4}x^2$ 66

b) $A = 2\int_{0}^{4}(f(x) - g(x))dx = 2[\frac{1}{640}x^5 - \frac{1}{8}x^3 + 4x]_0^4 = 19{,}20$

$V = 1{,}5 \cdot A = 28{,}8$, d.h. das Becken fasst 28,8 m^3 bzw. 28800 Liter Wasser.

c) $f'(x) = -0{,}25x$, $f'(4) = -1$, $g'(4) = 0$, $\alpha = -45°$, $\beta = 0° \Rightarrow \gamma = 45°$

Der Winkel beträgt 45°.

24. a) $f(x) = -\frac{40}{10000}(x - 100)^2 + 40 = -\frac{1}{250}x^2 + \frac{4}{5}x$, $g(x) = \frac{2}{5}x$

b) $A = \int_{0}^{100}(f(x) - g(x))dx = [-\frac{1}{750}x^3 + \frac{1}{5}x^2]_0^{100} = -\frac{1000000}{750} + \frac{10000}{5} \approx 666{,}67$

$V = 1000 \cdot A \approx 666.667\ m^3$

66 25. a) $f(x) = -\frac{1}{32}x^4 + \frac{1}{4}x^2 + 1$, $g(x) = \frac{3}{8}x^2$

b) $A = 2\int_0^2 (f(x) - g(x))dx = 2[-\frac{1}{160}x^5 - \frac{1}{24}x^3 + x]_0^2 = 2(\frac{22}{15}) \approx 2{,}93$

$V \approx 2{,}93 \cdot 0{,}3 = 0{,}879\,m^3$, $m = V \cdot 0{,}7\frac{g}{cm^3} = V \cdot 700\frac{kg}{m^3} \approx 615{,}3\,kg$

26. $f(1) = g(1) = 1$, also ist die Schwanzflosse 1 m lang.

$$A = \int_0^1 (g(x) - f(x))dx + \int_1^4 (f(x) - g(x))dx + A_{Halbkreis}$$

$$A_1 = \int_0^1 (\frac{5}{18}x^2 - \frac{37}{18}x + \frac{16}{9})dx = [\frac{5}{54}x^3 - \frac{37}{36}x^2 + \frac{16}{9}x]_0^1 \approx 0{,}843$$

$$A_2 = \int_1^4 (-\frac{5}{18}x^2 + \frac{37}{18}x - \frac{16}{9})dx = [-\frac{5}{54}x^3 + \frac{37}{36}x^2 - \frac{16}{9}x]_1^4 \approx 4{,}25$$

$A_3 = \frac{\pi}{2} \approx 1{,}571$, $A = A_1 + A_2 + A_3 \approx 6{,}664$

$6{,}664\ m^2 \cdot 1\ mm = 66640\ cm^2 \cdot 0{,}1\ cm = 6664\ cm^3 = 6{,}664$ Liter
10 Liter reichen also nicht für einen 1 mm dicken Anstrich (nur für ca. 0,75 mm).

4. Rekonstruktion von Beständen

1. $N(t) = 0{,}001t^2 + 0{,}05t + 2$ 69
   $N(20) = 3{,}4$, der Zugewinn beträgt also 1,4 Mio

2. a) $s(t) = -\frac{1}{6}t^3 + 6t^2$
   b) $v(t) = 0$: $t = 0$ (Start) und $t = 24$ (Fahrtende)
   $s(24) = 1152$ m hat das Fahrzeug insgesamt zurückgelegt.

3. a) Ansatz: $v(x) = at^2 + bt + c$ 72
   $v(0) = 6$: $6 = c$
   $v(1) = 3$: $3 = a + b + 6$
   $v(3) = 0$: $0 = 9a + 3b + 6$, $\quad -9 = 6a - 12$, $a = 0{,}5$, $b = -\frac{7}{2}$
   $v(x) = \frac{1}{2}t^2 - \frac{7}{2}t + 6$
   b) $\Delta h = \int_0^3 v(t)dt = [\frac{1}{6}t^3 - \frac{7}{4}t^2 + 6t]_0^3 = 6{,}75$
   Höhe nach 3 Tagen : h = 1 m + 6,75 cm = 1,0675 m
   c) $v(t) = 1$: $\frac{1}{2}t^2 - \frac{7}{2}t + 6 = 1$, $t^2 - 7t + 10 = 0$, $t = +\frac{7}{2} - \sqrt{2{,}25} = 2$
   Nach 2 Tagen ändert sich die Höhe erstmalig nur noch um 1 cm/Tag.
   Sie ist dann $s(2) = [\frac{1}{6}t^3 - \frac{7}{4}t^2 + 6t]_0^2 = \frac{19}{3} \approx 6{,}33$ cm + 1 m = 1,0633 m hoch.

4. a) $N'(t) = 0{,}5$: $e^{-0{,}01t} = 0{,}5$, $t = \frac{\ln 0{,}5}{-0{,}01} \approx 69{,}31$ Jahre 73
   b) $N(t) = -100e^{-0{,}01t} + C$, $\frac{N(50) - N(0)}{50} = \frac{100 - 100e^{-0{,}5}}{50} \approx 0{,}787$, d.h. ca. 787000 Pers./Jahr
   c) $N(20) - N(10) = 100e^{-0{,}1} - 100e^{-0{,}2} \approx 8{,}61$ Millionen

5. a) $W(t) = \int P(t)dt = -\frac{1}{12960}t^4 + \frac{1}{108}t^3$ 74
   b) $W(90) = 1687{,}5$ Wattminuten = 28,125 Wh $\approx$ 0,028 kWh
   c) $P'(t) = -\frac{1}{1080}t^2 + \frac{1}{18}t$, $P''(t) = -\frac{1}{540}t + \frac{1}{18}$
   $P'(t) = 0$: $t = 60$, $P''(60) = -\frac{1}{9} + \frac{1}{18} < 0$
   Zur Zeit t = 60 war die Leistung maximal.

6. $A(t) = \int_0^{400} a(t)dt = [\frac{1}{450}(-\frac{1}{3}t^3 + 100t^2 + 80000t)]_0^{400} \approx 59259$ 75
   Es werden 59259 Manntage benötigt.

7. a) $h(t) = \frac{1}{216}(\frac{5}{3}t^3 - 60t^2 + 480t) + 5$ 76
   b) $h'(t) = 0$: $t^2 - 24t + 96 = 0$, $t = 12 \pm\sqrt{48}$
   $t_1 = 5{,}07$, $t_2 = 18{,}93$
   $h''(t) = \frac{1}{216}(10t - 120)$, $h''(5{,}07) < 0$, $h''(18{,}93) > 0$
   Zur Zeit t = 5,07 war der Wasserstand am höchsten.
   Zur Zeit t = 18,93 war der Wasserstand am niedrigsten.

76 c) Der Wasserstand ändert sich zur Zeit T = 0 bzw. t = 24 mit ca. 2,22m/h Steigen am schnellsten. Es sind globale Randextrema.
Das schnellste Fallen findet dagegen bei t = 12 mit ca. −1,11m/h statt.

8. $s(t) = -0{,}004t^3 + 3{,}6t^2$, $s(60) = 12096$ m
Es legt 12096 Meter zurück.

9. a) $B(t) = 5t^4 - 100t^3 + 500t^2 + C$
$B(1) = 405, C = 0$, $B(t) = 5t^4 - 100t^3 + 500t^2$
b) $B(3) = 2205$ Besucher sind nach 3 Stunden anwesend.
c) $B'(t) = 0$: $20t(t^2-15t+50) = 0$, $t_1 = 0$, $t_2 = 10$, $t_3 = 5$
$B''(t) = 60t^2 - 600t + 1000$, $B''(0) > 0$ Minimum, $B''(5) < 0$ Maximum, $B''(10) > 0$ Minimum
Nach 5 Stunden ist die Besucherzahl mit 3125 am größten.
d) $B''(t) = 0$: $t_1 = 7{,}89$, $t_2 = 2{,}11$ (Lage der Wendepunkte)
Bei t = 2,11 steigt die Besucherzahl am schnellsten.
e) Nach ca. 10 Stunden ist das Fest zu Ende, da B(10) = 0 gilt.

10. a) $h(t) = 30t - 5t^2 + 35$
b) $h(t) = 0$: $-5t^2 + 30t + 35 = 0$, $t_1 = 7$ ($t_2 = -1$)
Der Ball trifft nach 7 Sekunden mit v(7) = −40 m/s am Boden auf.
(Das Minuszeichen gibt die Richtung der Bewegung an.)
Die Gipfelhöhe ist nach 3 Sekunden erreicht: h(3) = 80 m.

77 11. a) $s(t) = 30t - 5t^2$
b) $v(t) = 0$: $t = 3$, $s(3) = 45$ m
c) 100 m vor dem LKW steht das Reh, nach 1 s ist der LKW noch 70 m von dem Reh entfernt, der Bremsweg beträgt von nun an 45 m, also kommt der LKW 25 m vor dem Reh zum Stehen. Kein Unfall!

12. a) $h(t) = -0{,}04t^3 + 0{,}6t^2 + 520$
b) $h'(t) = v(t) = 0$: $t_1 = 0, t_2 = 10$min
$h''(t) = v'(t) = -0{,}24t + 1{,}2$, $h''(10) = -1{,}2 < 0$, Maximum
h(10) = 540 m ist die maximale Höhe.
c) $h(t) = 520$: $-0{,}04t^2(t-15) = 0$, $t_1 = 0$, $t_2 = 15$
Nach 15 Minuten ist er wieder auf Starthöhe.

13. b) $N'(t) = \frac{1}{4\sqrt{t}} - 0{,}1$, $N'(t) = 0$: $t = 6{,}25$
c) $N(t) = 5 + 0{,}5\sqrt{t} - 0{,}1t = 3{,}6$
$t - 5\sqrt{t} - 14 = 0$, $\sqrt{t} = 2{,}5 \pm \sqrt{20{,}25}$
$t_1 = 49$ ($t_2 = 4$)
Nach 49 Tagen waren 3600 Mann im Einsatz.
d) $\int_0^{100} N(t)dt = [5t + \frac{1}{3}\sqrt{t^3} - 0{,}05t^2]_0^{100} \approx 333{,}33$
Insgesamt waren ca. 333.333 Manntage erforderlich.

a)
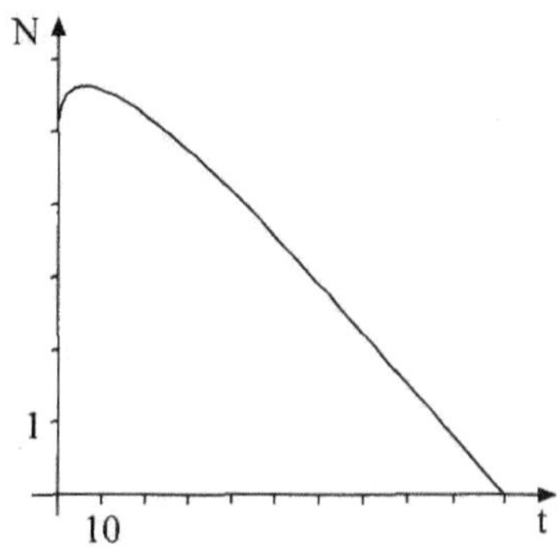

14. Höhengewinn: $h(t) = \int(-0,1t^3 + t^2 dt = -0,025t^4 + \frac{1}{3}t^3 + C$ 77

$h(0) = 5 \Rightarrow C = 5 \Rightarrow h(t) = -0,025t^4 + \frac{1}{3}t^3 + 5$

a) Dauer der Wachstumsphase:

$v(t) = 0$ (am Ende der Wachstumsphase)

$-0,1t^3 + t^2 = 0$

$t^2(-0,1t + 1) = 0, \quad t = 0$ bzw. $t = 10$ Wochen

$v'(t) = -0,3t^2 + 2t, \quad v''(t) = -0,6t + 2, \quad v''(10) = -10 < 0 \Rightarrow$ Max

b) Max. Höhe: $h(10) \approx 88,33\text{cm}$

c) Schnellstes Wachstum: Maximum von v' (im Wendepunkt von h)

$v'(t) = 0\text{: } -t(0,3t-2) = 0, \; t_1 = 0, t_2 = \frac{2}{0,3} \approx 6,67$ Wochen

$t = 0$, bzw. $t = 6,67, \quad h(\frac{20}{3}) \approx 54,38\text{cm}$

Zum Zeitpunkt des schnellsten Wachstums wird die Pflanze ca. 54,38 cm hoch sein.

15. a) Geschwindigkeitsfunktion: $f(t) = \begin{cases} 80 & 0 \le t \le 2 \\ 120-20t & 2 \le t \le 4 \\ 40 & 4 \le t \le 5 \\ 240-40t & 5 \le t \le 6 \end{cases}$ 78

b) Δs ist die Fläche unter v $\hat{=}$ 17 Kästchen.

Ein Kästchen entspricht $20\frac{\text{km}}{\text{h}} \cdot 1\text{min} = 20\frac{\text{km}}{60\text{min}} \cdot 1\text{min} = \frac{1}{3}\text{km} \Rightarrow \Delta s = \frac{17}{3}\text{km} \approx 5,67\text{km}$

c) Durchschnittsgeschwindigkeit: 5,67km in 6min, $\overline{v} = \frac{\Delta s}{\Delta t} = \frac{5,67\text{km}}{6\text{min}} = \frac{56,7\text{km}}{60\text{min}} = 56,7\frac{\text{km}}{\text{h}}$

16. a) $f_1(x) = 160 - 40x, \quad 0 \le x \le 2$

$f_3(x) = 80, \quad 6 \le x \le 8$

$f_4(x) = -20(x-8) + 80 = -20x + 240, \quad 8 \le x \le 12$

b) $f_2(2) = f_2(6) = 80, \; f_2(4) = 120, \; f_2'(4) = 0$

c) $\Delta s = \int_0^2 (160 - 40x)dx + \int_2^6 (-10x^2 + 80x - 40)dx + \int_6^8 80dx + \int_8^{12} (-20x + 240)dx$

$= [160x - 20x^2]_0^2 + [-\frac{10}{3}x^3 + 40x^2 - 40x]_2^6 + [80x]_6^8 + [-10x^2 + 240x]_8^{12}$

$= 240 + (480 - \frac{160}{3}) + 160 + (1440 - 1280) = \frac{2960}{3} \approx 986,67\text{m}$

d) Durchschnittsgeschwindigkeit: $\overline{v} = \frac{\Delta s}{\Delta t} = \frac{986,67}{12} \approx 82,22\frac{\text{m}}{\text{min}} \approx 1,37\frac{\text{m}}{\text{s}}$

78 17. **Druckfehler** im LB: $a(t) = -7{,}8t^3 + 78t^2$

a)

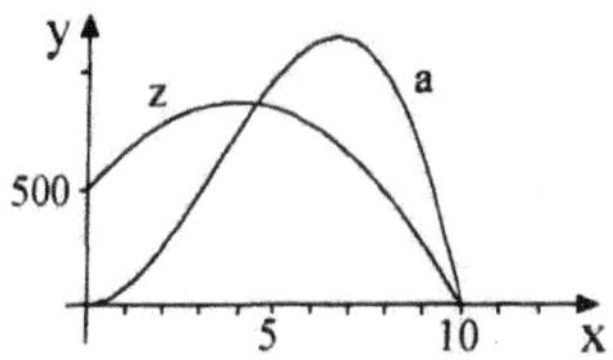

b) Gleichstand:

$$z(t) = a(t)$$
$$-24t^2 + 190t + 500 = -7{,}8t^3 + 78t^2$$
$$7{,}8t^3 - 102t^2 + 190t + 500 = 0$$
$$t \approx 4{,}5, \quad t = 10$$

b) Maximum von z: $z'(t) = -48t + 190 = 0 \Rightarrow t \approx 3{,}96h \mathrel{\hat{=}} 15{,}58\text{Uhr}$

$z''(t) = -48 < 0 \Rightarrow \text{Max}, \quad z_{max} \approx z(3{,}96) \approx 876{,}04 \frac{\text{Besucher}}{h}$

Maximum von a: $a'(t) = -23{,}4t^2 + 156t = 0 \Rightarrow t = 0(\text{Min}), \quad t \approx 6{,}67h \mathrel{\hat{=}} 18{,}40\text{Uhr}$

$a_{max} \approx a(6{,}67) \approx 1155{,}55 \frac{\text{Besucher}}{h}$

$z(4{,}5) = 869, \quad a(4{,}5) = 868{,}725 \; ; \; z(10) = a(10) = 0$

c) $\Delta N = \int_0^{10} z(t)dt = [-8t^3 + 95t^2 + 500t]_0^{10} = 6500$ Besucher hatte das Volksfest.

d) Solange z > a gilt, wächst die Besucherzahl, bei z = a bleibt sie konstant und ab z < a sinkt die Besucherzahl. Bei x = 4,5 (s. b) ist die Besucherzahl maximal.

Sie beträgt $\Delta N = \int_0^{4{,}5} (z(t) - a(t))dt = [1{,}95t^4 - 34t^3 + 95t^2 + 500t]_0^{4{,}5} \approx 1875$.

e) $\Delta N = \int_0^{10} a(t)dt = [-1{,}95t^4 + 26t^3]_0^{10} = 6500$

81 1. Eine Querschnittsscheibe hat die Länge 50 m, die Breite 20 m und die Höhe Δx (in m). Also ist $50 \cdot 20 \cdot \Delta x = 1000\Delta x$ ihr Volumen.
Ihre Gewichtskraft F beträgt $1000\Delta x \cdot \rho \cdot g = 1000\Delta x \cdot 2500 \cdot 9{,}81 = 24525000\Delta x \text{N}$.

Um die Scheibe in die Höhe x (x in m) zu heben, wird die Arbeit $W_x = 24.525.000 \cdot \Delta x \cdot x$ J benötigt.
Um den Gesamtquader aufzutürmen, wird die Arbeit

$$W = \sum W_x = \int_0^{40} 24.252.000 \cdot x \cdot \Delta x = [24.525.000 \cdot \tfrac{x^2}{2}]_0^{40} = 1{,}962 \cdot 10^{10} \text{ J}$$ benötigt.

2. Wir betrachten die in der Höhe x liegende Querschnittsscheibe Q_x, deren Dicke Δx beträgt. Wir berechnen zunächst ihren Radius r_x.

Wegen $\frac{x}{y} = \tan 60° = \sqrt{3}$ gilt $y = \frac{x}{\sqrt{3}}$ und daher $r_x = 1 - y = 1 - \frac{x}{\sqrt{3}}$.

Die Scheibenfläche ist also $A_x = \pi \cdot r_x^2 = \pi(1 - \frac{x}{\sqrt{3}})^2$.

Das Scheibenvolumen ist $V_x = A_x \cdot \Delta x = \pi(1 - \frac{x}{\sqrt{3}})^2 \cdot \Delta x$.

Die Scheibenmasse ist $m_x = V_x \cdot \rho = \pi(1 - \frac{x}{\sqrt{3}})^2 \cdot \Delta x \cdot 1600$.

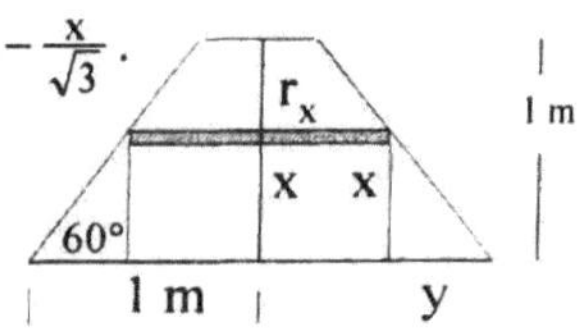

Test

1. a) $A = \int_{-1}^{1} f(x)dx = [\frac{1}{4}x^4 - \frac{1}{6}x^3 - \frac{1}{4}x^2 + x]_{-1}^{1} = \frac{5}{3}$ 82

   b) Nullstellen: $x = 1$ und $x = 3$, $A = \int_{1}^{3} f(x)dx = [-\frac{1}{3}x^3 + 2x^2 - 3x]_1^3 = \frac{4}{3}$

2. Schnittpunkte: $x^2 - 7x + 10 = 0$, $x = 2$, $x = 5$

   $A = \int_{2}^{5} (g(x) - f(x))dx = [-\frac{1}{3}x^3 + \frac{7}{2}x^2 - 10x]_2^5 = -\frac{25}{6} - (-\frac{26}{3}) = 4{,}5$

3. a) Ansatz: $f(x) = ax^2 + 3$, $f(2) = 0 \Rightarrow A = -\frac{3}{4}$

   Resultat: $f(x) = -\frac{3}{4}x^2 + 3$

   b) $A_f = \int_{-2}^{2} f(x)dx = [-\frac{1}{4}x^3 + 3x]_{-2}^{2} = 8$, $A_g = \int_{-1,5}^{1,5} g(x)dx = [-\frac{10}{27}x^3 + 2{,}5x]_{-1,5}^{1,5} = 5$

   Querschnittsfläche: $G = 3m^2$, Betonmenge: $V = 30m^3$

4. a) $\int_{0}^{10} w'(t)dt = [-0{,}008t^3 + 0{,}06t^2 + 9{,}8t]_0^{10} = 96$ Wölfe

   b) $F(20) = 156$
   Zu Beginn waren es 16 Wölfe.

5. a) $\int v(t)dt = 0{,}0005t^3 - 0{,}15t^2 + C$, $h(t) = 0{,}0005t^3 - 0{,}15t^2 + 2000$

   b) $h(120) = 704$m Höhe nach 2 Minuten, $v(120) = -14{,}4$ m/s

   c) $v(t) = 0$: $t^2 - 200t = 0$: $t = 0$ und $t = 200$
   Nach 200 Sekunden erfolgt die Landung in $h(200) = 0$m Höhe.

1. Wiederholung: Regeln aus der Differentialrechnung

84 1. a) $f'(x) = x^2 - 4x + 3, \quad f''(x) = 2x - 4, \quad f'''(x) = 2$

$$\text{Extrema: } f'(x) = 0: \begin{cases} x = 1, & f''(1) = -2 < 0 \Rightarrow H(1 \mid \tfrac{4}{3}) \\ x = 3, & f''(3) = \ \ 2 > 0 \Rightarrow T(3 \mid 0) \end{cases}$$

$$\text{Wendepunkt: } f''(x) = 0, \quad x = 2, \quad f'''(2) = 2 > 0 \Rightarrow R-L-WP \quad W(2 \mid \tfrac{2}{3})$$

b) $f'(x) = \frac{1}{2}x^2 + 2x, \quad f''(x) = x + 2, \quad f'''(x) = 1$

$$\text{Extrema: } f'(x) = 0: \begin{cases} x = 0, & f''(0) = 2 > 0 \Rightarrow T(0 \mid 0) \\ x = -4, & f''(-4) = -2 < 0 \Rightarrow H(-4 \mid \tfrac{16}{3}) \end{cases}$$

$$\text{Wendepunkt: } f''(x) = 0, \quad x = -2, \quad f'''(-2) = 1 > 0 \Rightarrow R-L-WP \quad W(-2 \mid \tfrac{8}{3})$$

c) $f'(x) = 2x^3 - 6x, \quad f''(x) = 6x^2 - 6, \quad f'''(x) = 12x$

$$\text{Extrema: } f'(x) = 0: \begin{cases} x = 0, & f''(0) = -6 < 0 \Rightarrow H(0 \mid 4) \\ x = \pm\sqrt{3}, & f''(\pm\sqrt{3}) = 12 > 0 \Rightarrow T(\pm\sqrt{3} \mid -\tfrac{1}{2}) \end{cases}$$

$$\text{Wendepunkt: } f''(x) = 0, \quad x = \pm 1: \begin{cases} f'''(-1) = -12 < 0 \Rightarrow L-R-WP \quad W(-1 \mid \tfrac{3}{2}) \\ f'''(1) = 12 > 0 \Rightarrow R-L-WP \quad W(1 \mid \tfrac{3}{2}) \end{cases}$$

d) $f'(x) = -4x^3 - 8x^2, \quad f''(x) = 12x^2 - 16x, \quad f'''(x) = 24x - 16$

$$\text{Extrema: } f'(x) = 0: \begin{cases} x = 0, & f''(0) = 0 \\ x = 2, & f''(2) = 16 > 0 \Rightarrow T(2 \mid -\tfrac{16}{3}) \end{cases}$$

$$\text{Wendepunkt: } f''(x) = 0: \begin{cases} x = 0, & f'''(0) = -16 < 0 \Rightarrow L-R-WP \quad S(0 \mid 0) \\ x = \tfrac{4}{3}, & f'''(\tfrac{4}{3}) = 16 > 0 \Rightarrow R-L-WP \quad W(\tfrac{4}{3} \mid -\tfrac{256}{81}) \end{cases}$$

2. a) $f'(x) = 3x^2 + 1$ b) $f'(x) = \pi \cdot \cos(\pi x)$ c) $f'(x) = 6 \cdot e^{2x}$ d) $f'(x) = -\frac{4}{x^3} + 1$

3. a) $f'(x) = -\frac{1}{x^2}: \begin{cases} t(x) = -\frac{1}{4}(x-2) + \frac{1}{2} = -\frac{1}{4}x + 1 \\ n(x) = 4(x-2) + \frac{1}{2} = 4x - 7{,}5 \end{cases}$

b) $f'(x) = -e^{-x}: \begin{cases} t(x) = -\frac{1}{e}(x-1) + \frac{1}{e} = -\frac{1}{e}x + \frac{2}{e} \\ n(x) = e(x-1) + \frac{1}{e} = ex - e + \frac{1}{e} \end{cases}$

4. a) $f'(x) = 2x + 2, \quad m = f'(1) = 4 \Rightarrow \alpha \approx 76°$

b) $f'(x) = \frac{1}{2}e^{0{,}5x}, \quad m = f'(0) = \frac{1}{2} \Rightarrow \alpha \approx 26{,}6°$

2. Ganzrationale und trigonometrische Funktionen

85

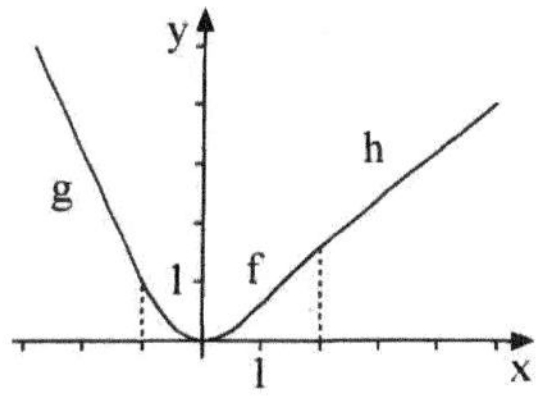

1. $f'(x) = -\frac{1}{5}(3x^2 - 8x)$

   $f'(-1) = -\frac{11}{5}$, $f(-1) = 1$, $g(x) = -\frac{11}{5}(x+1) + 1 = -\frac{11}{5}x - \frac{6}{5}$

   $f'(2) = \frac{4}{5}$, $f(2) = \frac{8}{5}$, $h(x) = \frac{4}{5}(x-2) + \frac{8}{5} = \frac{4}{5}x$

2. a) Extrema: $f'(x) = 0$: $x = \pm\frac{2}{\sqrt{3}}$, $\begin{cases} f''(-\frac{2}{\sqrt{3}}) = -\sqrt{3} < 0 \Rightarrow H(-\frac{2}{\sqrt{3}} \mid \frac{4}{3\sqrt{3}}) \\ f''(\frac{2}{\sqrt{3}}) = \sqrt{3} > 0 \Rightarrow T(\frac{2}{\sqrt{3}} \mid -\frac{4}{3\sqrt{3}}) \end{cases}$ 87

   Wendepunkt: $f''(x) = 0$: $x = 0$, $f'''(0) = \frac{3}{2} > 0 \Rightarrow R - L - WP$ $W(0 \mid 0)$

   b) $f = g$ führt auf: $\frac{1}{4}x(x^2 - x - 6) = 0$, $x = 0$, $x = -2$, $x = 3$

   c) $A_1 = \int_{-2}^{0}(f(x) - g(x))dx = [\frac{1}{16}x^4 - \frac{1}{12}x^3 - \frac{3}{4}x^2]_{-2}^{0} = \frac{4}{3}$

   $A_2 = \int_{0}^{3}(g(x) - f(x))dx = [-\frac{1}{16}x^4 + \frac{1}{12}x^3 + \frac{3}{4}x^2]_{0}^{3} = \frac{63}{16}$, $A = A_1 + A_2 = \frac{253}{48} \approx 5{,}27$

3. a)

x	−3	−2	−1	0	1	2	3	4	5	6
y	−6,75	$-\frac{8}{3}$	$-\frac{7}{12}$	0	$-\frac{5}{12}$	$-\frac{4}{3}$	$-\frac{9}{4}$	$-\frac{8}{3}$	$-\frac{25}{12}$	0

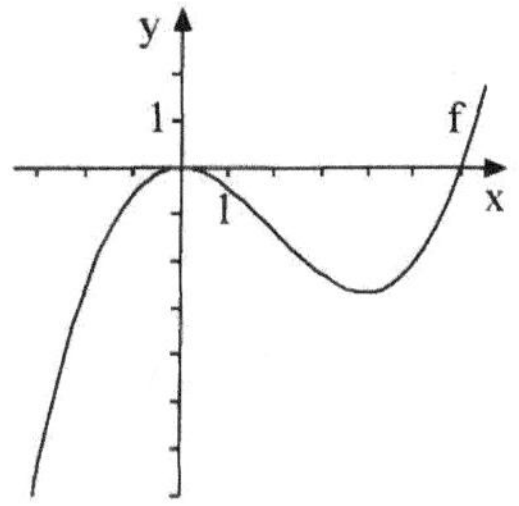

   b) Nullstellen: $\frac{1}{2}x^2(\frac{1}{6}x - 1) = 0$, $x = 0$, $x = 6$

   $f'(x) = \frac{1}{4}x^2 - x$, $f''(x) = \frac{1}{2}x - 1$, $f'''(x) = \frac{1}{2}$

   Extrema: $f'(x) = 0$: $\begin{cases} x = 0, & f''(0) = -1 < 0 \Rightarrow H(0 \mid 0) \\ x = 4, & f''(4) = 1 > 0 \Rightarrow T(4 \mid -\frac{8}{3}) \end{cases}$

   Wendepunkt: $f''(x) = 0$: $x = 2$, $f'''(2) = \frac{1}{2} > 0 \Rightarrow R - L - WP$ $W(2 \mid -\frac{4}{3})$

   c) $n(x) = (x-2) - \frac{4}{3} = x - \frac{10}{3}$

   d) $\int_{0}^{6} f(x)dx = [\frac{1}{48}x^4 - \frac{1}{6}x^3]_{0}^{6} = -9 \Rightarrow A = 9$

4. a) $h'(t) = 60 - 10t$, $h'(0) = 60$ m/s 88

   b) $h'(t) = 0$ gilt für $t = 6$, $h(6) = 180$

   Nach 6s ist die Gipfelhöhe 180m erreicht.

   c) $h'(t) = 100\frac{km}{h} = \frac{100}{3{,}6}\frac{m}{s} \approx 27{,}78\frac{m}{s}$ gilt für $t \approx 3{,}22$ s.

   d) $f'(x) = 0{,}035 - 0{,}001x$, $S(35 \mid 2{,}3125)$, $f'(0) = 0{,}035$

   Der Abschusswinkel beträgt ca. 2°, die Maximalhöhe beträgt 2,3125m.

   Die Scheibe wird in der Höhe h(80) = 1,3m getroffen.

90 5. a) $f(x)=0$ gilt für $x=0$ und $x=72$, der Diskus fliegt also 72m weit.
b) $f(36)=9$, der Diskus erreicht eine Höhe von 9m.
c) $f'(x)=-\frac{1}{72}x+\frac{1}{2}$, $f'(0)=0{,}5$; der Abwurfwinkel beträgt ca. 26,6°.

6. a) $f'(x)=\frac{1}{48}x^2-\frac{3}{4}$; $A(-12|-3)$, $B(-6|3)$; mittlerer Anstieg: $m=1$
b) $f'(0)=-0{,}75$; der Winkel im Ursprung beträgt ca. −36,9°.
c) $g'(x)=-\frac{1}{100}x^2+\frac{1}{5}x-\frac{3}{4}$; es gilt $f'(0)=g'(0)=-\frac{3}{4}$
d) $g'(15)=0$, d.h. g verläuft dort waagerecht.
e) $g'(x)=0$ gilt für $x=5$ und $x=15$

$g''(x)=-\frac{1}{50}x+\frac{1}{5}$, $g''(5)=\frac{1}{10}>0\Rightarrow T(5\,|-\frac{5}{3})$; aber tiefste Stelle bei $x=-12$, $y=-3$
f) Wendepunkt: $g''(x)=0$ gilt für $x=10$

Im Punkt $W(10\,|-\frac{5}{6})$ ist die Steigung maximal.

91 7. a) Nullstellen: $t=0$ und $t=8$

$f'(t)=2t-\frac{3}{8}t^2$, $f''(t)=2-\frac{3}{4}t$, $f'''(t)=-\frac{3}{4}$

Extrema: $f'(t)=0:\ \begin{cases} t=0, & f''(0)=2>0\Rightarrow T(0\,|\,0) \\ t=\frac{16}{3}, & f''(\frac{16}{3})=-2<0\Rightarrow H(\frac{16}{3}\,|\,9{,}48) \end{cases}$

Wendepunkt: $f''(t)=0$: $t=\frac{8}{3}$, $f'''(\frac{8}{3})=-\frac{3}{4}<0$

$\Rightarrow$ L − R − WP $W(\frac{8}{3}\,|\,4{,}74)$

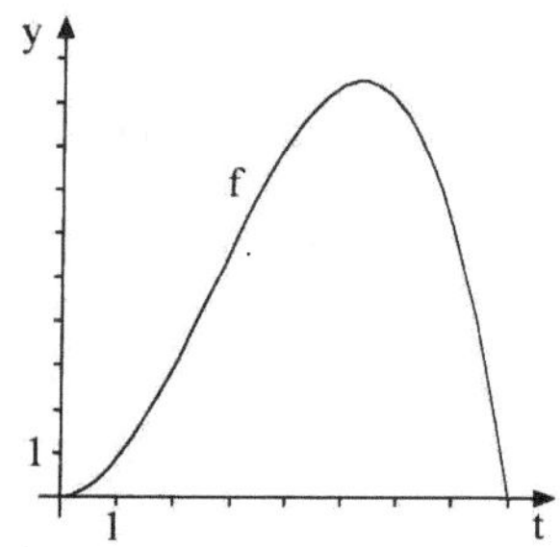

Das Gewicht steigt im Wendepunkt am schnellsten.

b) $F(t)=\frac{1}{3}t^3-\frac{1}{32}t^4+55$, Endgewicht: $F(8)\approx 97{,}67$kg

92 8. $f'(x)=-\sin x$, $f'(\frac{\pi}{4})=-\sqrt{\frac{1}{2}}$, $f(\frac{\pi}{4})=\sqrt{\frac{1}{2}}$

$t(x)=-\sqrt{\frac{1}{2}}(x-\frac{\pi}{4})+\sqrt{\frac{1}{2}}=-\sqrt{\frac{1}{2}}x+\frac{\frac{\pi}{4}+1}{\sqrt{2}}\approx -0{,}71x+1{,}26$

$n(x)=\sqrt{2}(x-\frac{\pi}{4})+\sqrt{\frac{1}{2}}=\sqrt{2}x+\frac{1-\frac{\pi}{2}}{\sqrt{2}}\approx 1{,}41x-0{,}40$

Tangente: Der y-Abschnitt beträgt ca. 1,26.
Normale: Der y-Abschnitt beträgt ca. −0,40.

93 9. a) $f(\frac{\pi}{4})=g(\frac{\pi}{4})$ d.h. f und g schneiden sich bei $x=\frac{\pi}{4}$.

b) $A=\int_0^{\pi/4}\sin x\,dx+\int_{\pi/4}^{\pi/2}\cos x\,dx=2-\sqrt{2}\approx 0{,}59$

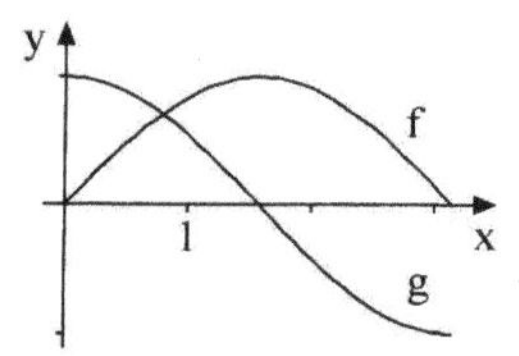

10. $f(x)=g(x)$ gilt für $\cos x=\frac{1}{2}$, $x=\frac{\pi}{3}$

$A=\int_0^{\pi/3}(\sin(2x)-\sin x)dx=[-\frac{1}{2}\cos(2x)+\cos x]_0^{\pi/3}=0{,}25$

11. a) $f'(x) = x^2 - 6x + 5, \quad f'(0) = 5, \quad f(0) = 3$ 94

$t(x) = 5(x-0) + 3 = 5x + 3, \quad \alpha \approx 78{,}7°$

Der Steigungswinkel von t beträgt ca. 78,7°.

Für den Schnittwinkel mit der y-Achse gilt dann $\beta = 90° - \alpha \approx 11{,}3°$.

b) $f''(x) = 2x - 6, \quad f'(x) = 0: \begin{cases} x = 1, & f''(1) = -4 < 0 \Rightarrow H(1 \mid \frac{16}{3}) \\ x = 5, & f''(5) = 4 > 0 \Rightarrow T(5 \mid -\frac{16}{3}) \end{cases}$

c) Im Wendepunkt: $f''(x) = 0$: $x = 3$, $f'(3) = -4$

d) $f(3) = 0$: $A = \int_0^3 f(x)dx = [\frac{1}{12}x^4 - x^3 + \frac{5}{2}x^2 + 3x]_0^3 = \frac{45}{4} = 11{,}25$

12. a) Die Nullstellen liegen bei $x = 0$ und $x = 3a$: rot für $a = 0{,}5$; blau für $a = 1$ und grün für $a = 1{,}2$

b) Nullstellen: 0 und 3a

$f_a'(x) = -3x^2 + 6ax, \quad f_a''(x) = -6x + 6a, \quad f_a'''(x) = -6$

Extrema: $f_a'(x) = 0: \begin{cases} x = 0, & f_a''(0) = 6a > 0 \Rightarrow T(0 \mid 0) \\ x = 2a, & f_a''(2a) = -6a < 0 \Rightarrow H(2a \mid 4a^3) \end{cases}$

Wendepunkt: $f_a''(x) = 0: \quad x = a, \quad f_a'''(a) = -6 < 0 \Rightarrow L-R-WP \quad W(a \mid 2a^3)$

c) $f_a'(3a) = -9a^2 = -1 \Rightarrow a = \frac{1}{3}$

$t(x) = -(x-1) = -x + 1, \quad n(x) = x - 1$

d) $f_a'(a) = 3a^2 = 2 \Rightarrow a = \sqrt{\frac{2}{3}}$

e) $A = \int_0^{3a} f_a(x)dx = [-\frac{1}{4}x^4 + ax^3]_0^{3a} = \frac{27}{4}a^4 = \frac{4}{3} \Rightarrow a = \frac{2}{3}$

13. a) $h(t) = -0{,}05t^3 + 0{,}45t^2 + 80$

b) $v_1(t) = 0: \quad t = 6, \quad v_1'(t) = -0{,}3t + 0{,}9, \quad v_1'(6) = -0{,}9 < 0 \Rightarrow H(6 \mid 85{,}4)$

Die maximale Flughöhe beträgt 80m + 5,4m = 85,4m.

c) Im Wendepunkt von h: $v_1'(t) = 0$ gilt für $t = 3$; $W(3 \mid 82{,}7)$

In einer Höhe von 82,7m ist die positive Höhenänderung am größten.

d) $h(t) = 80$ gilt für $t = 0$ und $t = 9$

9 Minuten nach dem Start befindet sich der Segler wieder im der Starthöhe von 80m.

e) Ansatz: $h_2(t) = \frac{1}{2}at^2 + bt + c$

$h_2(14) = 31: \quad 98a + 14b + c = 31$

$h_2(18) = 0: \quad 162a + 18b + c = 0$

$v_2(18) = 0: \quad 18a + b = 0 \quad \Rightarrow \quad v_2(t) = \frac{31}{8}t - \frac{279}{4}$

14. I. $A = \int_{-10}^{10} (10 + 0{,}7x - 0{,}004x^3)dx = [10x - 0{,}35x^2 - 0{,}001x^4]_{-10}^{10} = 200$ 95

II. f ist symmetrisch zum Ursprung (nur ungerade Expon.). Das Flächenstück im 4. Quadranten passt genau in die Lücke im 2. Quadranten, es entsteht ein Trapez. $A = \frac{5+15}{2} \cdot 20 = 200$

95 15. $m = \frac{\pi}{4} = \tan\alpha$, $\alpha = 38{,}15°$

16. $A = \int_{-\pi/2}^{\pi/2} \cos x\,dx - \int_0^1 (x - x^2)dx = [\sin x]_{-\pi/2}^{\pi/2} - [\frac{1}{2}x^2 - \frac{1}{3}x^3]_0^1 = 2 - \frac{1}{6} = \frac{11}{6}$

17. $A = \int_0^4 (4x - x^2)dx - \int_0^{\pi} \sin x\,dx + |\int_{\pi}^{2\pi} 2\sin x\,dx| = \frac{32}{3} - 2 + 4 = \frac{38}{3}$

18. $H(\frac{\pi}{2}|1)$: $f(x) = \frac{4}{\pi^2}x^2$

$A = \int_0^{\pi/2} (\sin x - \frac{4}{\pi^2}x^2)dx = [-\cos x - \frac{4}{3\pi^2}x^3]_0^{\pi/2} = -\frac{\pi}{6} + 1 = 0{,}4764$

19. Integrationsgrenzen: $f(x) = 0$: $3\sin(2x-2) + 1 = 0$, $\sin(2x-2) = -\frac{1}{3}$

$2x - 2 \approx -0{,}34$, $x \approx 0{,}83 = a$

$2x - 2 = \pi + 0{,}34 \approx 3{,}48$, $x \approx 2{,}74 = b$

Flächeninhalt: $A = \int_{0,83}^{2,74} f(x)dx = [-\frac{3}{2}\cos(2x-2) + x]_{0,83}^{2,74} \approx (4{,}15) - (-0{,}58) = 4{,}73$

97 20. a) Links der y–Achse:
Von P(−5|2) bis Q(0|4) verläuft ein Viertel–Sinusbogen, also ist die Periode 20.
Die Amplitude beträgt 2.

Verschiebung in x–Richtung: −5, in y–Richtung: 2, Resultat: $f(x) = 2\sin(\frac{\pi}{10}(x+5)) + 2$

Rechts der y–Achse:
Von R(4|7) bis S(8|10) verläuft ein Viertel–Sinusbogen, also ist die Periode 16.
Die Amplitude beträgt 3.

Verschiebung in x–Richtung: 4, in y–Richtung: 7, Resultat: $g(x) = 3\sin(\frac{\pi}{8}(x-4)) + 7$

b) Das maximale Gefälle liegt im rechten Wendepunkt W(4|7).

$g'(x) = \frac{3\pi}{8}\cos(\frac{\pi}{8}(x-4))$, $g'(4) = \frac{3\pi}{8} \approx 1{,}18$, $\alpha \approx 50°$ (49,7°)

Durchschnittliches Gefälle: $\frac{\Delta H}{\Delta x} = \frac{10-0}{8-(-10)} = \frac{5}{9} \approx 0{,}56$, $\beta \approx 29{,}1°$

c) $A = \int_{-10}^{0} f(x)dx + \int_0^8 g(x)dx = 20 + 56 = 76$ Die seitliche Verkleidung bietet genügend Platz.

98

21. a) Periode von f: p = 4
Periode von g: p = 8
Nullstellen von g:

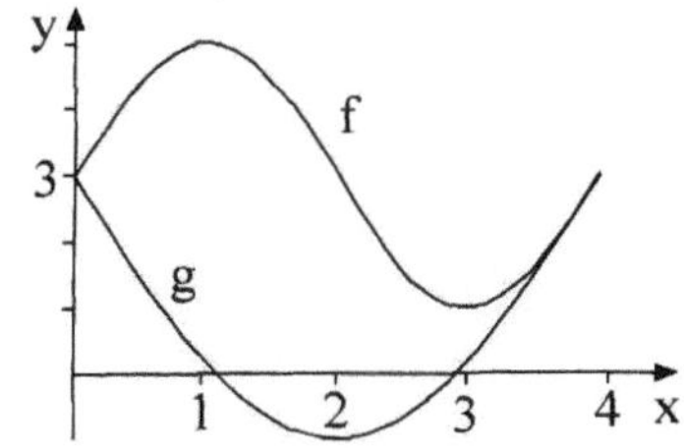

$-4\cdot\sin(\frac{\pi}{4}x)+3=0, \quad \sin(\frac{\pi}{4}x)=\frac{3}{4}$

$\frac{\pi}{4}x \approx 0,848, \quad x_1 \approx 1,08, \quad x_2 \approx 2,92$

Extrema von f:

$f'(x)=\pi\cdot\cos(\frac{\pi}{2}x)=0 \quad \text{für} \quad x_1=1, \quad x_2=3$

$f''(x)=-\frac{\pi^2}{2}\cdot\sin(\frac{\pi}{2}x), \quad f''(1)=-\frac{\pi^2}{2}, \quad f''(3)=\frac{\pi^2}{2}, \quad H(1\,|\,5), \quad T(3\,|\,1)$

b) $f'(0)=\pi, \quad \alpha \approx 72,34°$

$\alpha=45° \Rightarrow f'(x)=1=\pi\cdot\cos(\frac{\pi}{2}x), \quad \frac{1}{\pi}=\cos(\frac{\pi}{2}x), \quad \frac{\pi}{2}x\approx 1,247, \quad x\approx 0,79$

Bei x = 0 beträgt der Steigungswinkel von f ca. 72,34°. Mit wachsenden x-Werten fällt er und hat bei x = 0,79 erstmals den Wert von 45° erreicht.

c) $A=\int_0^4 (f(x)-g(x))dx=[-\frac{4}{\pi}\cos(\frac{\pi}{2}x)-\frac{16}{\pi}\cos(\frac{\pi}{4}x)]_0^4=\frac{32}{\pi}\approx 10,19\text{cm}^2$

d) Hochpunkt von f: $f'(x)=0$: $x=1$, $H(1|5)$
Tiefpunkt von g: $g'(x)=0$: $x=2$, $T(2|-1)$, $h(x)=-6x+11$

$$A_1=\int_0^1 (f(x)-g(x))dx+\int_1^2 (h(x)-g(x))dx$$
$$=[-\frac{4}{\pi}\cos(\frac{\pi}{2}x)-\frac{16}{\pi}\cos(\frac{\pi}{4}x)]_0^1+[-3x^2+8x-\frac{16}{\pi}\cos(\frac{\pi}{4}x)]_1^2\approx 2,76+2,60=5,36$$
$$A_2=\int_1^2 (f(x)-h(x))dx+\int_2^4 (f(x)-g(x))dx$$
$$=[-\frac{4}{\pi}\cos(\frac{\pi}{2}x)-8x+3x^2]_1^2+[-\frac{4}{\pi}\cos(\frac{\pi}{2}x)-\frac{16}{\pi}\cos(\frac{\pi}{4}x)]_2^4\approx 2,27+2,55=4,82$$

Probe: $A_1+A_2=10,18$; Resultat: Die Gerade h halbiert die Logofläche nicht.

22. a) Hebung um 1, Periode 6, also $a=1$, $b=\frac{\pi}{3}$, $f(x)=1+\cos(\frac{\pi}{3}x)$

b) Die größte Steigung ist im Wendepunkt.

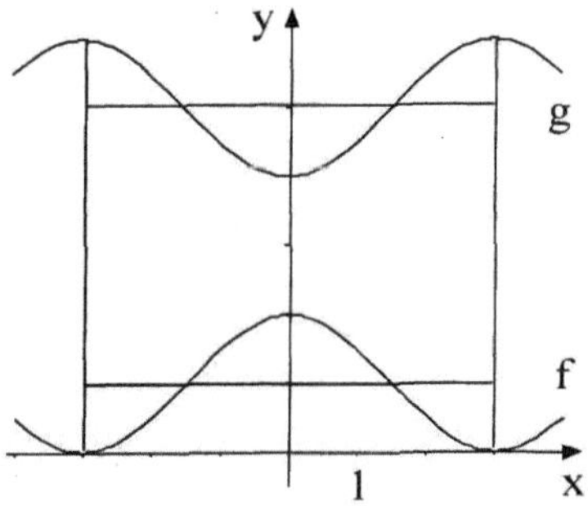

$f'(x)=-\frac{\pi}{3}\sin(\frac{\pi}{3}x), \quad f''(x)=-\frac{\pi^2}{9}\cos(\frac{\pi}{3}x)$

$f''(x)=0: \quad x=-1,5, \quad f'(-1,5)=\frac{\pi}{3}\approx 1,05$

Die maximale Steigung beträgt ca. 1,05.

Durchschnittliche Steigung: $\frac{\Delta f}{\Delta x}=\frac{2-0}{3}=\frac{2}{3}\approx 0,67$

c) $A=2\int_0^3 f(x)dx=2[\frac{3}{\pi}\sin(\frac{\pi}{3}x)+x]_0^3=6$

d) $g(x)=-\cos(\frac{\pi}{3}x)+5$

98 e) 1. Möglichkeit:

$$A = 2\int_0^3 (g(x) - f(x))dx = 2[-\tfrac{6}{\pi}\sin(\tfrac{\pi}{3}x) + 4x]_0^3 = 24$$

2. Möglichkeit:
Die Teilflächen oberhalb von y = 5 ergeben exakt die Teilfläche unterhalb von y = 5.
Analog ergeben die Teilflächen unterhalb von y = 1 die Teilfläche oberhalb von y = 1.
Das so entstandene Rechteck hat den Inhalt $A = 6 \cdot 4 = 24$.

23. a) $f'(x) = 1 - 2\sin x$, $f''(x) = -2\cos x$, $f'''(x) = 2\sin x$

Extrema: $f'(x) = 0$: $x_1 \approx 0{,}52$, $x_2 = \pi - x_1 \approx 2{,}62$

$f''(0{,}52) \approx -1{,}74 < 0$, $H(0{,}52 \mid 2{,}26)$, $f''(2{,}62) \approx 1{,}73 > 0$, $T(2{,}62 \mid 0{,}89)$

Wendepunkte: $f''(x) = 0$: $x_1 = \frac{\pi}{2}$, $x_2 = -\frac{1}{2}\pi$

$f'''(\frac{\pi}{2}) = 2 \neq 0$, $W_1(\frac{\pi}{2} \mid \frac{\pi}{2})$, $f'''(-\frac{1}{2}\pi) = -2 \neq 0$, $W_2(-\frac{1}{2}\pi \mid -\frac{1}{2}\pi)$

b)

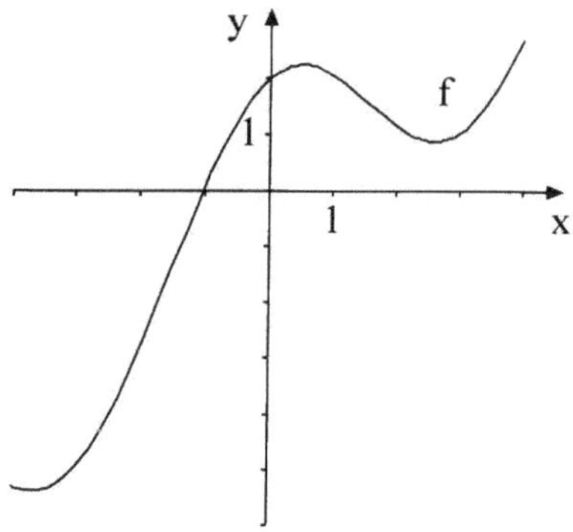

c) Ansatz: $t(x) = mx + n$, $m = f'(\frac{\pi}{2}) = -1$

Punktprobe mit $P(\frac{\pi}{2} \mid \frac{\pi}{2})$:

$\frac{\pi}{2} = -\frac{\pi}{2} + n$, $n = \pi$, $t(x) = -x + \pi$

d) $$A = \int_0^{\pi/2} f(x)dx + \int_{\pi/2}^{\pi} t(x)dx$$
$$= [\tfrac{1}{2}x^2 + 2\sin x]_0^{\pi/2} + [-\tfrac{1}{2}x^2 + \pi x]_{\pi/2}^{\pi}$$
$$= 2 + \tfrac{\pi^2}{4} \approx 4{,}47$$

e) $s = \int_0^{120} v(t)dt = [t + \frac{15}{2\pi}\cos(\frac{\pi}{30}t)]_0^{120} = 120$

f) $f_a'(x) = 1 - a\sin x$, $f_a'(x) = 0$: $-1 \le \sin x = \frac{1}{a} \le 1$ gilt für $|a| \ge 1$

99 24. a) $f(x) = ax^2 + b$, $f'(x) = 2ax$

I. $f(2) = 0$: $0 = 4a + b$

II. $f'(2) = 0{,}5$: $0{,}5 = 4a$, $a = \frac{1}{8}$, $b = -0{,}5$, $f(x) = \frac{1}{8}x^2 - 0{,}5$

$g(x) = a \cdot e^{-x^2} + b$, $g'(x) = -2ax \cdot e^{-x^2}$

I. $g(2) = 0$: $0 = ae^{-4} + b$

II. $g'(2) = 0{,}5$: $0{,}5 = -4ae^{-4}$, $a = -\frac{e^4}{8}$, $b = \frac{1}{8}$, $g(x) = \frac{1}{8}(1 - e^{4-x^2})$

b) Es gilt: $m_{AB} = -m_{CD}$
Dies ist wegen $f'(x) = -f'(-x)$ und $g'(x) = -g'(-x)$ gesichert.

c) Die Entscheidung sollte für die Variante f fallen, da das fehlende Stück zwischen B und C dann am kürzesten ist. Das minimiert den Materialbedarf.

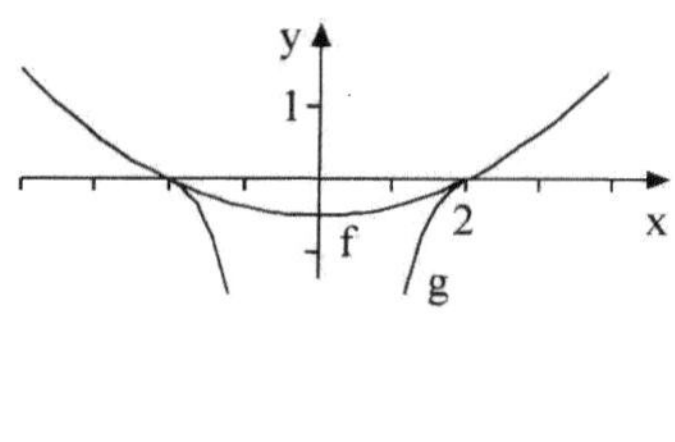

25. a) $f(x) = 4 \cdot \sin(\frac{\pi}{20}(x-10)) + 4$ 99

b) $g(x) = ax^3 + bx^2 + cx + d$, $g'(x) = 3ax^2 + 2bx + c$

I. $g(0) = 0$: $d = 0$

II. $g'(0) = 0$: $c = 0$

III. $g(20) = 8$: $8 = 8000a + 400b$

IV. $g'(20) = 0: 0 = 1200a + 40\,b$, $8 = -4000a$, $a = -\frac{1}{500}$, $b = \frac{3}{50}$

$g(x) = -\frac{1}{500}x^3 + \frac{3}{50}x^2$

c) Der stärkste Anstieg ist jeweils im Wendepunkt.

$f'(x) = \frac{4\pi}{20} \cdot \cos(\frac{\pi}{20}(x-10))$, $f''(x) = -\frac{\pi^2}{100} \cdot \sin(\frac{\pi}{20}(x-10))$

$f''(x) = 0$: $\sin(\frac{\pi}{20}(x-10))$, $x = 10$, $f'(10) = \frac{4\pi}{20} \approx 0{,}63$

$g'(x) = -\frac{3}{500}x^2 + \frac{6}{50}x$, $g''(x) = -\frac{6}{500}x + \frac{6}{50}$, $g''(x) = 0$, $x = 10$, $g'(10) = 0{,}6$

d) Berechnung der Querschnittsflächen:

$A_f = \int_0^{20} f(x)dx = [-\frac{80}{\pi}\cos(\frac{\pi}{20}(x-10)) + 4x]_0^{20} = 80$

alternativ: Fläche längs $y = 4$ zerschneiden und zu einem Rechteck zusammenfügen.

Dann gilt $A_f = 20 \cdot 4 = 80$

$A_g = \int_0^{20} g(x)dx = [-\frac{1}{2000}x^4 + \frac{1}{50}x^3]_0^{20} = 80$

Der Sandbedarf ist in beiden Fällen gleich groß.

e) $h_1(x) = e^{ax} - b$

I. $h_1(0) = 0$: $0 = 1 - b$, $b = 1$

II. $h_1(10) = 4$: $4 = e^{10a} - 1$, $a = \frac{\ln 5}{10} \approx 0{,}16$, $h_1(x) = e^{0{,}16x} + 1$

$h_2(x) = 10 - c \cdot e^{-dx}$

I. $h_2(10) = 4$ $4 = 10 - c \cdot e^{-10d}$, $c = 6 \cdot e^{10d}$

II. $h_2(20) = 8$ $8 = 10 - c \cdot e^{-20d}$, $8 = 10 - 6 \cdot e^{-10d}$, $d = \frac{\ln\frac{1}{3}}{-10} \approx 0{,}11$, $c \approx 18$

$h_2(x) = 10 - 18 \cdot e^{-0{,}11x}$

f) $h_1'(x) = 0{,}16 \cdot e^{0{,}16x}$, $h_2'(x) = 1{,}98 \cdot e^{-0{,}11x}$

$h_1'(0) = 0{,}16$, $\alpha \approx 9{,}1°$

$$\left.\begin{array}{l} h_1'(10) = 0{,}16 \cdot e^{1{,}6} \approx 0{,}79, \quad \alpha_1 \approx 38{,}4° \\ h_2'(10) = 1{,}98 \cdot e^{-1{,}1} \approx 0{,}66, \quad \alpha_2 \approx 33{,}4° \end{array}\right\} \quad \alpha \approx 5°$$

$h_2'(20) = 1{,}98 \cdot e^{-2{,}2} \approx 0{,}22$, $\alpha \approx 12{,}4°$

Die Bedingung ist in den Punkten A und B erfüllt aber nicht im Punkt C.

3. Exponentialfunktionen

100 1. b) $W=[1;\infty)$, $\lim\limits_{x\to-\infty} f(x)=1$

c) $1{,}1=e^{2x}+1$
$0{,}1=e^{2x}$
$x=\frac{\ln 0{,}1}{2}\approx -1{,}15$ für $x<-1{,}15$

d) $1000=e^{2x}+1$
$999=e^{2x}$
$x=\frac{\ln 999}{2}\approx 3{,}45$

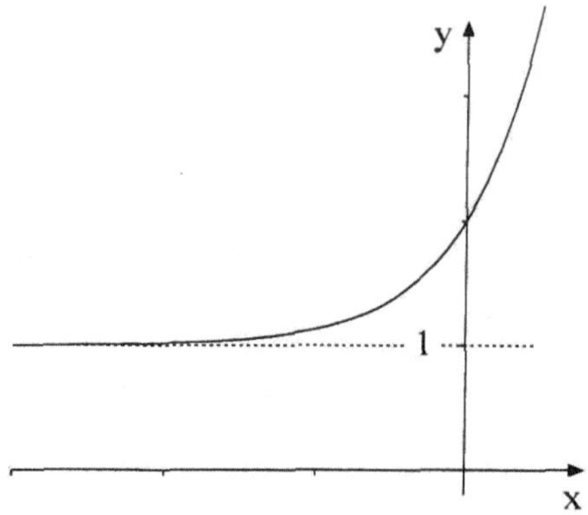

101 2. $2{,}5\cdot e^{x}=e^{2x}$, $2{,}5=e^{x}$, $\ln 2{,}5=x$, $x\approx 0{,}92$, $y\approx 6{,}30$

3. $d(x)=e^{x}-2x^{2}$, $x\approx 1{,}4879$

102 4. $f'(x)=-x\cdot e^{x}$, $f''(x)=(-1-x)\cdot e^{x}=0$: $x=-1$, $y=\frac{2}{e}$, $f'(-1)=\frac{1}{e}$

$t(x)=\frac{1}{e}(x+1)+\frac{2}{e}=\frac{1}{e}x+\frac{3}{e}$, $t(2)=\frac{5}{e}\approx 1{,}84$

Er landet in der Barriere.

103 5. a) $f(x)=x-2+e^{-x}$
$f'(x)=1-e^{-x}$, $f'(x)=0 \Rightarrow e^{-x}=1 \Rightarrow x=0$
$f''(x)=e^{-x}$, $f''(0)=e^{-0}=1>0\Rightarrow$ Min, $f(0)=-2+e^{0}=-1\Rightarrow T(0|-1)$

b) $f(x)=x^{2}\cdot e^{x+1}$
$f'(x)=(2x+x^{2})\cdot e^{x+1}$
$f''(x)=(2+4x+x^{2})\cdot e^{x+1}$
$f'(x)=0 \Rightarrow x(2+x)=0, x=0, x=-2$
$f''(0)=2e>0 \Rightarrow T(0|0)$
$f''(-2)=-2e^{-1}<0 \Rightarrow H(-2|\frac{4}{e})$

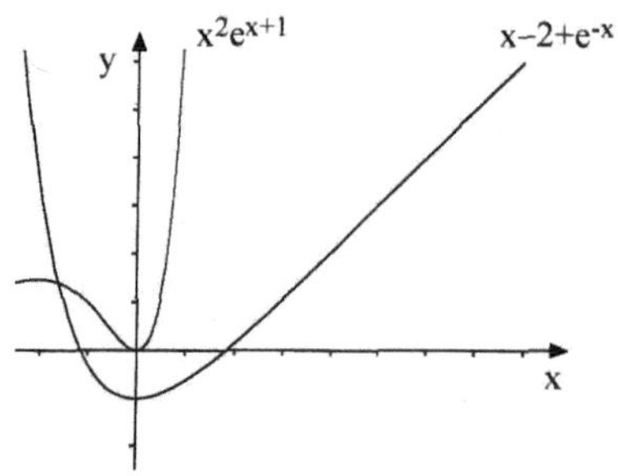

6. a) $f(x)=2e^{x}-e^{-x}$
$f'(x)=2e^{x}+e^{-x}$
$f''(x)=2e^{x}-e^{-x}$
$f''(x)=0\Rightarrow x=-\frac{\ln 2}{2}\approx -0{,}35$
$f'''(x)=2e^{x}+e^{-x}$
$f'''(-\frac{\ln 2}{2})\approx 2{,}83\Rightarrow$ RL – WP , $W(-\frac{\ln 2}{2}|0)$

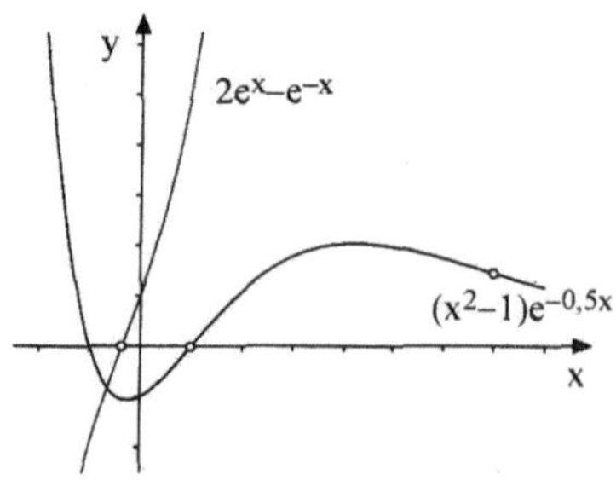

b) $f(x)=(x^2-1)e^{-0,5x}$ **103**

$f'(x)=(2x-0,5x^2+0,5)e^{-0,5x}$

$f''(x)=(0,25x^2-2x+1,75)e^{-0,5x}$, $f''(x)=0, x=4\pm\sqrt{9}, x=7$, $x=1$

$f'''(x)=(-\frac{1}{8}x^2+\frac{3}{2}x-\frac{23}{8})e^{-0,5x}$

$f'''(1)=-1,5e^{-0,5}<0 \Rightarrow LR-WP(1|0), f'''(7)=1,5e^{-0,5}>0 \Rightarrow RL-WP(7|1,45)$

7. $f=g:\ e^x=e^{1-x},\ x=\frac{1}{2}$ **105**

$$A=\int_{-1}^{0,5} e^x dx+\int_{0,5}^{1} e^{1-x}dx = e^x|_{-1}^{0,5} - e^{1-x}|_{0,5}^{1} \approx 1,93$$

8. a) $\frac{1}{4}(e^x-1)=2-e^x,\ e^x=\frac{9}{5},\ x=\ln\frac{9}{5}$

$$A=\int_0^{\ln 9/5}(2-e^x-\frac{1}{4}(e^x-1))dx = 2x-e^x-\frac{1}{4}(e^x-x)|_0^{\ln(9/5)} \approx 0,323$$

b) $\frac{1}{2}e^{0,5x}=e^{1-\frac{1}{4}x},\ \frac{1}{2}=e^{1-\frac{3}{4}x},\ \frac{3}{4}x=1-\ln 0,5,\ x\approx 2,26$

$$A=\int_0^{2,26}(e^{1-\frac{1}{4}x}-\frac{1}{2}e^{0,5x})dx=[-4e^{1-\frac{1}{4}x}-e^{0,5x}]_0^{2,26}\approx 2,598$$

9. a) $A=\lim\limits_{k\to\infty}\int_0^k(e^{-x}-e^{-2x})dx=\lim\limits_{k\to\infty}(-e^{-x}+\frac{1}{2}e^{-2x})|_0^k=0,5$

10. $A\to II,\ B\to III,\ C\to I$ **106**

11.a) $F'(x)=(3ax+3b+a)\cdot e^{3x},\ 3a=2,\ a=\frac{2}{3},\ 3b+\frac{2}{3}=-3,\ b=-\frac{11}{9}$ **107**

$F(x)=(\frac{2}{3}x-\frac{11}{9})\cdot e^{3x}$

b) $F'(x)=(-0,5ax-0,5b+a)\cdot e^{-0,5x},\ -0,5a=-1,\ a=2,\ -0,5b+2=0,\ b=4$

$F(x)=(2x+4)\cdot e^{-0,5x}$

c) $F'(x)=(-ax^2-bx-c+2ax+b)\cdot e^{-x},\ -a=1,\ a=-1,\ 2a-b=0,\ b=-2$

$b-c=0,\ c=-2,\ F(x)=(-x^2-2x-2)\cdot e^{-x}$

d) $F'(x)=(2ax+2b+a)\cdot e^{2x}-2c\cdot e^{-2x},\ 2a=1,\ a=\frac{1}{2},\ a+2b=0,\ b=-\frac{1}{4}$

$-2c=1,\ c=-\frac{1}{2},\ F(x)=(\frac{1}{2}x-\frac{1}{4})\cdot e^{2x}-\frac{1}{2}e^{-2x}$

Man bildet die Ableitung von F und setzt für alle Potenzen die Koeffizienten von F ' und f gleich. Es ergibt sich ein lineares Gleichungssystem, das zu lösen ist.

108 12. a) $F(x)=(ax+b)e^{-x}$, $F'(x)=(-ax-b+a)e^{-x}=(5-3x)e^{-x}$
$\Rightarrow a=3$, $b=-2$, $F(x)=(3x-2)e^{-x}$

b) $F(x)=(ax+b)e^{x}-\frac{1}{2}e^{2x}$, $F'(x)=(ax+b+a)e^{x}-e^{2x}=xe^{x}-e^{2x}$
$\Rightarrow a=1$, $b=-1$, $F(x)=(x-1)e^{x}-\frac{1}{2}e^{2x}$

c) $F(x)=(ax^2+bx+c)e^{-x}$, $F'(x)=(-ax^2+(2a-b)x+b-c)e^{-x}=(x^2-x)e^{-x}$
$\Rightarrow a=-1$, $b=-1$, $c=-1$, $F(x)=(-x^2-x-1)e^{-x}$

Ist f ein Produkt aus einem exponentiellen Term und einem Polynom vom Grad 1 oder 2, so auch die Stammfunktion F. Durch Ableiten von F und Koeffizientenvergleich mit f erhält man ein lin. Gleichungssystem.

13. a) $F'(x)=4\cdot\frac{1}{2}x^3=2x^3=f(x)$ b) $F'(x)=4e^{2x-4}+1=f(x)$

c) $F'(x)=2x-\frac{6}{x^2}=f(x)$ d) $F'(x)=3(2x+1)^2\cdot 2=24x^2+24x+6=f(x)$

e) $F'(x)=(x^2+2x)\cdot e^{x}+e^{x}=(x+1)^2\cdot e^{x}=f(x)$

f) $F'(x)=\cos x-\cos x+x\cdot\sin x=x\cdot\sin x=f(x)$

14. a) $f'(x)=(4x+7)\cdot e^{x}$
$f''(x)=(4x+11)\cdot e^{x}$
$F(x)=(4x-1)\cdot e^{x}$

b) $f'(x)=(x-1)\cdot e^{-x}$
$f''(x)=(-x+2)\cdot e^{-x}$
$F(x)=(x+1)\cdot e^{-x}$

c) $f'(x)=(3x+5)\cdot e^{x}$
$f''(x)=(3x+8)\cdot e^{x}$
$F(x)=(3x-1)\cdot e^{x}$

d) $f'(x)=(\frac{1}{2}x-\frac{1}{2})\cdot e^{x}$
$f''(x)=\frac{1}{2}x\cdot e^{x}$
$F(x)=(\frac{1}{2}x-\frac{3}{2})\cdot e^{x}$

e) $f'(x)=(x+1)\cdot e^{x}+2e^{-x}$
$f''(x)=(x+2)\cdot e^{x}-2e^{-x}$
$F(x)=(x-1)\cdot e^{x}+2e^{-x}$

f) $f'(x)=(5x-8)\cdot e^{-x}$
$f''(x)=(13-5x)\cdot e^{-x}$
$F(x)=(5x+2)\cdot e^{-x}$

15. a) $F'(x)=(ax+b+a)\cdot e^{x}$, $a=-1$, $b-1=1$, $b=2$
$F(x)=(2-x)\cdot e^{x}$

b) $F'(x)=(2ax+2b+a)\cdot e^{2x}$, $2a=6$, $a=3$, $2b+3=-1$, $b=-2$
$F(x)=(3x-2)\cdot e^{2x}$

c) $F'(x)=(0{,}5ax+0{,}5b+a)\cdot e^{0{,}5x}$, $0{,}5a=-4$, $a=-8$, $0{,}5b-8=6$, $b=28$
$F(x)=(-8x+28)\cdot e^{0{,}5x}$

d) $F'(x)=(-ax^2-bx-c+2ax+b)\cdot e^{-x}$, $-a=3$, $a=-3$, $-b-6=-7$, $b=1$
$-c+1=1$, $c=0$, $F(x)=(-3x^2+x)\cdot e^{-x}$

e) $F'(x)=(3ax^2+3bx+3c+2ax+b)\cdot e^{3x}$, $3a=6$, $a=2$, $3b+4=4$, $b=0$
$3c+0=-3$, $c=-1$, $F(x)=(2x^2-1)\cdot e^{3x}$

f) $F'(x)=(0{,}5ax^2+0{,}5bx+0{,}5c+2ax+b)\cdot e^{0{,}5x}$, $0{,}5a=-1$, $a=-2$
$0{,}5b-4=0$, $b=8$, $0{,}5c+8=1$, $c=-14$, $F(x)=(-2x^2+8x-14)\cdot e^{0{,}5x}$

4. Untersuchung von Exponentialfunktionen

1. a) $f'(x) = xe^x$, $f''(x) = (1+x)e^x$, $f'''(x) = (2+x)e^x$ 112

   b) Nullstelle ist $x = 1$

   c) Extremum: $f'(x) = 0$ für $x = 0$, $f''(0) = 1 > 0$, $T(0|-1)$

   Wendepunkt: $f''(x) = 0$ für $x = -1$, $f'''(-1) = e^{-1} \neq 0$, $W(-1|-2e^{-1})$

   d) $f(x) \to \infty$ für $x \to \infty$, $f(x) \to 0$ für $x \to -\infty$

   e) Graph siehe Aufgabe

2. a) $F'(x) = (x-1)e^x = f(x)$

   b) $A = -(F(1)-F(0)) = -(-e+2) \approx 0{,}718282\ \text{km}^2 = 718282\ \text{m}^2$

   Verkaufspreis: 57462560 Euro

   c) $B = -(F(0)-F(-2)) = -(-2+4e^{-2}) \approx 1458659\ \text{m}^2$

3. a) $f'(x) = e^x - 1$, $f''(x) = e^x$

   Extrema: $f'(x) = 0$ für $x = 0$, $f''(0) = 1 > 0$, $T(0|1)$

   Wendepunkt: $f''(x) \neq 0$, kein Wendepunkt

   b) Da der Tiefpunkt bei $y = 1 > 0$ liegt und kein Wendepunkt existiert, kann f keine Nullstellen besitzen.

   c) $P(1|e-1)$, $z(x) = (e-1)x$, $f'(1) = e - 1$: z mündet tangential in die Autobahn.

   $|BP| = \sqrt{1+(e-1)^2} \approx 2\ \text{km}$

   In 60 min werden 30 km zurückgelegt, also braucht man für 2 km 4 Minuten.

   d) $A = \int_0^1 (f(x) - z(x))dx = \int_0^1 (e^x - ex)dx = [e^x - \frac{e}{2}x^2]_0^1 = e - \frac{e}{2} - 1 \approx 0{,}359\ \text{km}^2 \approx 36\ \text{ha}$

4. a) Nullstelle: $x = 0$

   Extrema: $f'(x) = (1+x)e^{x+1}$, $f''(x) = (2+x)e^{x+1}$

   $f'''(x) = (3+x)e^{x+1}$

   $f'(x) = 0$ für $x = -1$, $f''(-1) = 1 > 0$, $T(-1|-1)$

   Wendepunkt: $f''(x) = 0$ für $x = -2$, $f'''(-2) = e^{-1} \neq 0$

   $W(-2|-0{,}74)$

   b)

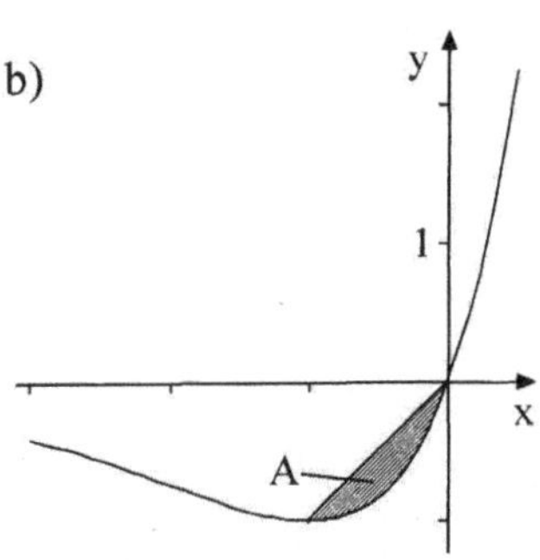

112 c) $P(-1|-1)$: $s(x) = x$;

$F(x) = (ax+b)e^{x+1}$, $F'(x) = (ax+b+a)e^{x+1}$, $a = 1$, $b = -1$, $F(x) = (x-1)e^{x+1}$

Größe des Flächenstücks:

$$A = \int_{-1}^{0} (s(x) - f(x))dx = \int_{-1}^{0} (x - xe^{x+1})dx = [\tfrac{1}{2}x^2 - (x-1)e^{x+1}]_{-1}^{0} = e - \tfrac{1}{2} - 2 \approx 0,22$$

Streckenlänge: $l = \sqrt{(-1)^2 + (-1)^2} = \sqrt{2} \approx 1,41$

114 5. a) Nullstelle: $x = -1$

$f'(x) = (1-x)e^{-0,5x}$, $f''(x) = (-1,5+0,5x)e^{-0,5x}$

$f'''(x) = (1,25-0,25x)e^{-0,5x}$

Extremum: $f'(x) = 0$ für $x = 1$, $f''(1) = -e^{-0,5} < 0$

$H(1|4e^{-0,5}) = H(1|2,43)$

Wendepunkt: $f''(x) = 0$ für $x = 3$, $f'''(3) \neq 0$

$W(3|8e^{-1,5}) = W(3|1,79)$

Verhalten für $|x| \to \infty$:

$x \to -\infty$: $f(x) \to -\infty$, $x \to \infty$: $f(x) \to 0$

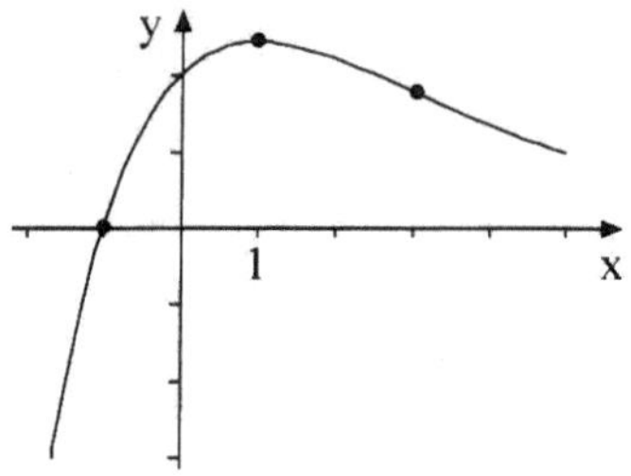

b) Nullstelle: $x = 1$

$f'(x) = (x-2)e^{2-x}$, $f''(x) = (3-x)e^{2-x}$

$f'''(x) = (x-4)e^{2-x}$

Extremum: $f'(x) = 0$ für $x = 2$, $f''(2) = 1 > 0$

$T(2|-1)$

Wendepunkt: $f''(x) = 0$ für $x = 3$, $f'''(3) = -e^{-1} \neq 0$

$W(3|-2e^{-1}) = W(3|0,74)$

Verhalten für $|x| \to \infty$:

$x \to -\infty$: $f(x) \to \infty$, $x \to \infty$: $f(x) \to 0$

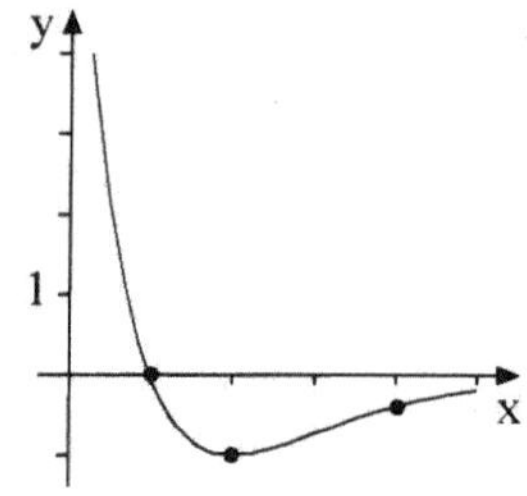

c) Nullstelle: $e^{2x} = 2$, $x = \frac{\ln 2}{2} \approx 0,35$

$f'(x) = e^x + 2e^{-x}$, $f''(x) = e^x - 2e^{-x}$

$f'''(x) = e^x + 2e^{-x}$

Extrema: keine

Wendepunkt: $f''(x) = 0$ für $x = \frac{\ln 2}{2} \approx 0,35$, $f'''(0,35) \neq 0$

$W(0,35|0)$

Verhalten für $|x| \to \infty$:

$x \to -\infty$: $f(x) \to -\infty$, $x \to \infty$: $f(x) \to \infty$

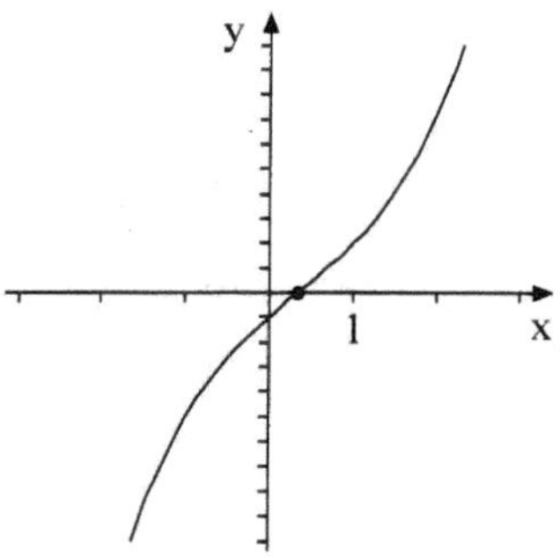

6.

I	II	III	IV
f	h	g	k

Untersuchung der Nullstellen

7.

I	II	III	IV
C	A	B	D

8. a) $f'(x) = (2-x^2)\,e^{-0{,}25x^2}$, $f'(x) = 0$ für $x = \pm\sqrt{2}$ 114

Höhe der Dammkrone: $h = f(\sqrt{2}) = 2\sqrt{2}\,e^{-0{,}5} \approx 1{,}72$ m

Breite der Rinne: $2\sqrt{2} \approx 2{,}83$ m

b) $F'(x) = 2x\,e^{-0{,}25x^2} = f(x)$

c) $A = 2\int_0^{\sqrt{2}} (1{,}72 - f(x))dx = 2[1{,}72x + 4e^{-0{,}25x^2}]_0^{\sqrt{2}} \approx 1{,}72\ \text{m}^2$

$V = 400 \cdot A \approx 688\ \text{m}^3$

d) $\tan 40° \approx 0{,}84$

Im Wendepunkt ist der Damm am steilsten. $f''(x) = (0{,}5x^3-3x)\,e^{-0{,}25x^2}$

$f''(x) = 0$ für $x = 0$ und $x = \sqrt{6}$, $f'(\sqrt{6}) = -4e^{-1{,}5} \approx -0{,}89$

Der Rasenmäher kommt nicht über die Wendepunktlinie hinauf.

9. a) Nullstelle: $x = 0$ 115

Verhalten für $x \to \pm\infty$:

$\lim\limits_{x\to\infty} f(x) = 0$, $\lim\limits_{x\to-\infty} f(x) = -\infty$

b) $f'(x) = (4-2x)e^{-0{,}5x}$ Extrema: H(2|2,94)

$f''(x) = (x-4)e^{-0{,}5x}$ Wendepunkte: (4|2,17)

$f'''(x) = (3-0{,}5x)e^{-0{,}5x}$

f ist streng monoton steigend für $x < 2$

und streng monoton fallend für $x > 2$.

f ist für $x < 4$ rechts- und für $x > 4$ linksgekrümmt.

c) $t(x) = mx+n$, $m = f'(4) = -\frac{4}{e^2}$

$t(x) = -\frac{4}{e^2}(x-4) + \frac{16}{e^2} = -\frac{4}{e^2}x + \frac{32}{e^2}$

d)

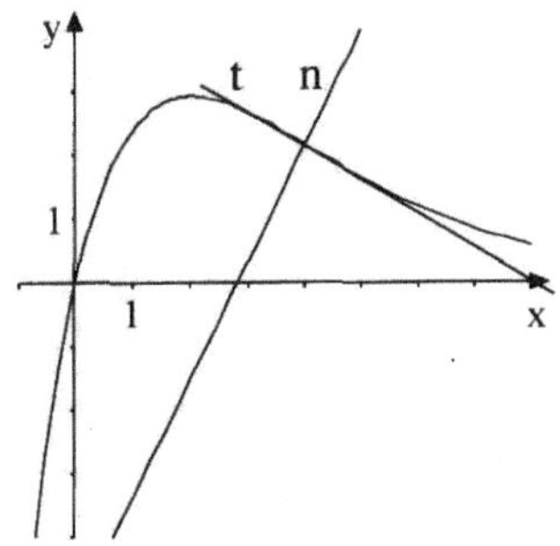

10. b) $f'(x) = \frac{1}{2}e^{\frac{x}{2}}$, $g'(x) = -\frac{1}{4}e^{1{,}5-\frac{x}{4}}$

c) Schnittpunkt: f = g: $e^{\frac{x}{2}} = e^{\frac{3}{2}-\frac{x}{4}}$ | ln

$\frac{x}{2} = \frac{3}{2} - \frac{x}{4}$, $x = 2$, S(2|e)

$\tan\alpha = f'(2) = \frac{1}{2}e \Rightarrow \alpha \approx 53{,}66°$

$\tan\beta = g'(2) = -\frac{1}{4}e \Rightarrow \beta \approx -34{,}20°$

Schnittwinkel: $\gamma = \alpha + |\beta| \approx 87{,}86°$

d) $h(x) = mx$, I. $mx = e^{\frac{x}{2}}$

II. $m = \frac{1}{2}e^{\frac{x}{2}}$, B(2|e) , $h(x) = \frac{e}{2}\cdot x$

a)

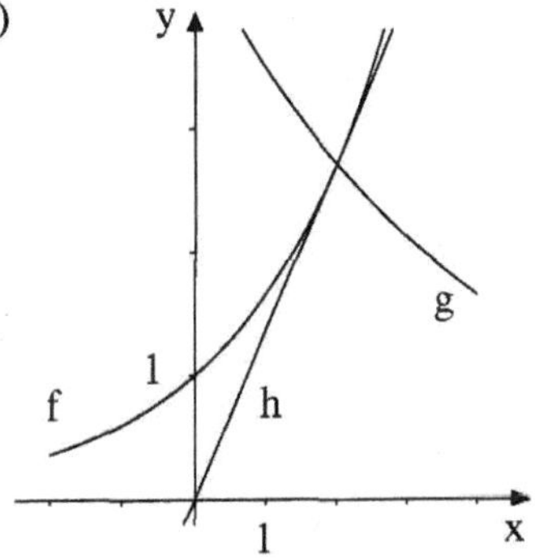

115 e) $A = \int_0^2 (g(x) - f(x))dx = [-4e^{\frac{3}{2}-\frac{x}{4}} - 2e^{\frac{x}{2}}]_0^2 = -4e - 2e + 4e^{\frac{3}{2}} + 2 \approx 3,62$

11. a) $F'(x) = (4x+8-8)e^{-0,5x} = f(x)$

b) Nullstelle von n: $x = (e^2 - \frac{16}{e^2}) \cdot \frac{4}{e^2} = \frac{e^4-16}{e^4} \cdot 4 = 4 - \frac{64}{e^4} \approx 2,83$

$$A = \int_0^4 f(x)dx - \int_{4-\frac{64}{e^4}}^4 n(x)dx = [(-8x-16)e^{-0,5x}]_0^4 - \frac{1}{2} \cdot \frac{64}{e^4} \cdot \frac{16}{e^2} = -\frac{48}{e^2} + 16 - \frac{512}{e^6} \approx 8,23$$

12. $A(u) = u \cdot f(u) = 4u^2 \cdot e^{-0,5u}$, $A'(u) = (8u - 2u^2) \cdot e^{-0,5u}$, $A'(u) = 0$ für $u = 4$ und $u = 0$

$A''(u) = (u^2 - 8u + 8) \cdot e^{-0,5u}$, $A''(0) = 8 > 0$, $A''(4) = -8 < 0 \Rightarrow$ Maximum

$u \to \infty$: $A(u) \to 0$

13. a) $h = f(0) = 2$

b) In den Wendepunkten ist das Profil am steilsten.

$f'(x) = -\frac{1}{2}x \cdot e^{-\frac{1}{8}x^2}$, $f''(x) = (\frac{1}{8}x^2 - \frac{1}{2}) \cdot e^{-\frac{1}{8}x^2}$, $f''(x) = 0$: $x = \pm 2$

$f'(2) = -e^{-0,5} = \tan\alpha$, $\alpha \approx 148,76°$, $f'(-2) = e^{-0,5} = \tan\beta$, $\beta \approx 31,23°$

c) $g(x) = 1,5 - \frac{1}{1,5} \cdot x^2 = \frac{3}{2} - \frac{2}{3}x^2$, $A = 2\int_0^{1,5} g(x)dx = 2[\frac{3}{2}x - \frac{2}{9}x^3]_0^{1,5} = 3$

Die Glasfäche beträgt 3 m².

d) $1 = 2 \cdot e^{-\frac{1}{8}x^2}$, $\ln 0,5 = -\frac{1}{8}x^2$, $x_{1/2} = \pm\sqrt{-8\ln 0,5} \approx \pm 2,35$

Die Antenne muss rechts oder links von der Gaubenmitte mindestens den Abstand 2,35m haben.

5. Exkurs: Anwendungen von Exponentialfunktionen

116

1. a) Nullstellen: keine

Ableitungen: $f'(x) = \frac{1}{4}e^x - 2e^{-x}$
$f''(x) = \frac{1}{4}e^x + 2e^{-x}$
$f'''(x) = \frac{1}{4}e^x - 2e^{-x}$

Extrema: $T(1{,}04|1{,}41)$, Wendepunkte: keine

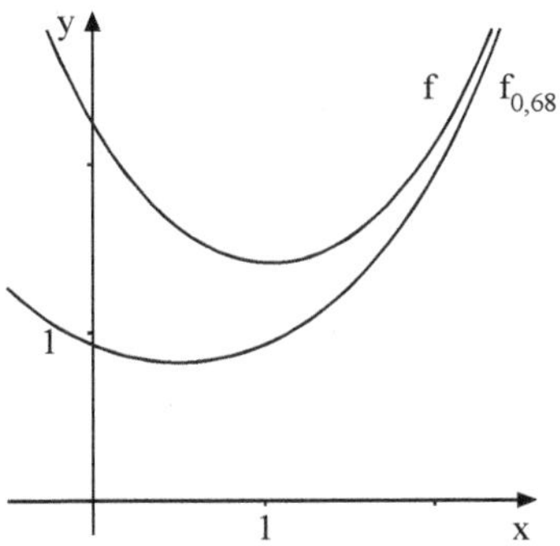

b) $F(x) = \int f(x)dx = \frac{1}{4}e^x - 2e^{-x} + C$

c) $A = \int_0^1 f(x)dx = [\frac{1}{4}e^x - 2e^{-x}]_0^1 \approx 1{,}69$

d) $f_a'(x) = \frac{1}{4}e^x - ae^{-x} = 0, \quad x = \frac{\ln 4a}{2} = 0{,}5, \quad a = \frac{e}{4} \approx 0{,}68$

117

2. a) $f(2) = e + e^{-1} \approx 3{,}09\,m$

b) $f(0) = 2 \quad \Rightarrow \quad$ Durchhang: $3{,}09 - 2 \approx 1{,}09m$

c) $f'(x) = \frac{1}{2}e^{\frac{x}{2}} - \frac{1}{2}e^{-\frac{x}{2}}, \quad f'(2) = \frac{1}{2}e - \frac{1}{2}e^{-1} \approx 1{,}18 = \tan\beta \Rightarrow \beta \approx 49{,}6° = \alpha$

d) $A = \int_{-2}^{2} f(x)dx = [2e^{\frac{x}{2}} - 2e^{-\frac{x}{2}}]_{-2}^{2} = 4(e - e^{-1}) \approx 9{,}4\,m^2$

3. a) $f(x) = 203{,}14 - \frac{28{,}14}{2}(e^{\frac{x}{28{,}14}} + e^{-\frac{x}{28{,}14}}), \quad h = f(50) \approx 117{,}29m$

b) $f(x) = 216{,}5 - \frac{73}{4}(e^{\frac{x}{36{,}5}} + e^{-\frac{x}{36{,}5}})$

$f'(x) = -\frac{73}{4}(\frac{1}{36{,}5}\cdot e^{\frac{x}{36{,}5}} - \frac{1}{36{,}5}\cdot e^{-\frac{x}{36{,}5}}) = -\frac{1}{2}(e^{\frac{x}{36{,}5}} - e^{-\frac{x}{36{,}5}})$

$f'(90) \approx -5{,}84, \quad \alpha \approx 99{,}7°$ (Steigungswinkel), $\beta \approx 80{,}3°$

c) $A = 2\int_0^{90}(216{,}5 - \frac{73}{4}(e^{\frac{x}{36{,}5}} + e^{-\frac{x}{36{,}5}}))dx - 2\int_0^{75}(203{,}14 - \frac{28{,}14}{2}(e^{\frac{x}{28{,}14}} + e^{-\frac{x}{28{,}14}}))dx$

$= 2([216{,}5x - \frac{73}{4}\cdot 36{,}5(e^{\frac{x}{36{,}5}} - e^{-\frac{x}{36{,}5}})]_0^{90} - [203{,}14x - \frac{28{,}14^2}{2}(e^{\frac{x}{28{,}14}} - e^{-\frac{x}{28{,}14}})]_0^{75})$

$= 2(11699{,}73 - 9572{,}96) \approx 4253{,}5m^2$

119

4. a) $f(x) = a + b\cdot e^{-x^2}$

$\left.\begin{array}{l} f(0) = 1{,}2 \quad \Rightarrow \quad a + b = 1{,}2 \\ f(1{,}5) = 0{,}7 \quad \Rightarrow \quad a + b\cdot e^{-1{,}5^2} = 0{,}7 \end{array}\right\} \Rightarrow \quad b(1 - e^{-1{,}5^2}) = 0{,}5, \quad b \approx 0{,}56, \quad a \approx 0{,}64$

Resultat: $f(x) = 0{,}64 + 0{,}56\cdot e^{-x^2}$

b) In den Wendepunkten: $f'(x) = -1{,}12x\cdot e^{-x^2}, \quad f''(x) = (2{,}24x^2 - 1{,}12)\cdot e^{-x^2}$

$f''(x) = 0: \quad x = \pm\sqrt{0{,}5} \approx \pm 0{,}707, \quad f'(\pm 0{,}707) \approx \mp 0{,}48$

In etwa 707m Entfernung von der Bergmitte ist der Anstieg am steilsten.
Der Anstieg beträgt links ca. 0,48 und rechts ca. −0,48.

119 4. c) $0{,}8 = 0{,}64 + 0{,}56 \cdot e^{-x^2}$, $\ln 0{,}29 \approx -x^2$, $x \approx \pm 1{,}11$, $E(-1{,}11 \mid 0{,}8)$

Länge: $l = \sqrt{1{,}11^2 + 0{,}4^2} \approx 1{,}18$

Der Eingang liegt bei $E(-1{,}11|0{,}8)$; die Länge beträgt 1180m.

d) Tunnelmitte: $M(-0{,}555|1)$
Austrittspunkt des Schachtes: $P(-0{,}555|f(-0{,}555))$ bzw. $P(-0{,}555|1{,}05)$
Schachtlänge: 50m

5. a) $f'(x) = -2x \cdot e^{-x^2}$, $f''(x) = (4x^2 - 2) \cdot e^{-x^2}$, $f'''(x) = (12x - 8x^3) \cdot e^{-x^2}$

$f''(x) = 0$: $x = \pm\sqrt{0{,}5} \approx \pm 0{,}707$, $f'''(0{,}707) \neq 0$, $W_2(\sqrt{\tfrac{1}{2}} \mid \tfrac{1}{\sqrt{e}})$

$t(x) = f'(\tfrac{1}{\sqrt{2}})(x - \tfrac{1}{\sqrt{2}}) + f(\tfrac{1}{\sqrt{2}}) = -0{,}86x + 1{,}21$

b) $-0{,}86 = \tan\beta$, $\beta = -40{,}69°$
$\alpha = 90° - 40{,}7° = 49{,}3°$

c) $n(x) = m(x + \sqrt{\tfrac{\ln 2}{2}}) + \sqrt{\tfrac{1}{2}}$ mit $m = f'(-\sqrt{\tfrac{\ln 2}{2}}) = \dfrac{e^{\frac{\ln 2}{2}}}{-2\sqrt{\frac{\ln 2}{2}}} = \dfrac{-1}{\sqrt{\ln 2}}$

$= -\sqrt{\tfrac{1}{\ln 2}}x - \sqrt{\tfrac{1}{2}} + \sqrt{\tfrac{1}{2}} = -\sqrt{\tfrac{1}{\ln 2}}x$ Ursprungsgerade

6. $A = x \cdot y = 2z \cdot e^{-z^2}$
$A' = e^{-z^2}(2 - 4z^2) = 0$, $z = \pm\sqrt{\tfrac{1}{2}}$
$A''(\sqrt{\tfrac{1}{2}}) = -5{,}7e^{-0{,}5} < 0 \Rightarrow$ Max, $A_{max} \approx 0{,}86$

7. a) $g(x) = ax^2 + c$, $g(0) = 0 + c = 1$, $c = 1$

$g(\tfrac{1}{\sqrt{2}}) = \tfrac{a}{2} + 1 = 0{,}61 \Rightarrow a = -0{,}79$, $g(x) = -0{,}79x^2 + 1$

b) $d(x) = -0{,}79x^2 + 1 - e^{-x^2}$
$d'(x) = -1{,}57x + 2xe^{-x^2} = 0$, $2e^{-x^2} = 1{,}57$, $x = \pm\sqrt{-\ln 0{,}79} \approx \pm 0{,}49$
$d''(x) = -1{,}57 + 2e^{-x^2} - 4x^2 \cdot e^{-x^2}$
$d''(0{,}49) < 0 \Rightarrow H(0{,}49 \mid 0{,}02)$

Die maximale Abweichung beträgt also ca. 0,02.

c) $A = \int_{-\sqrt{0{,}5}}^{\sqrt{0{,}5}} (-0{,}79x^2 + 1)\,dx = [-\tfrac{0{,}79}{3}x^3 + x]_{-\sqrt{0{,}5}}^{\sqrt{0{,}5}} = 2 \cdot [-\tfrac{0{,}79}{3}x^3 + x]_0^{\sqrt{0{,}5}} \approx 1{,}23$

6. Exkurs: Wachstums- und Zerfallsprozesse

1. a) $f(0) = 27000$: $a = 27000$, $f(6) = 20000$: $k = \frac{\ln\frac{20}{27}}{-6} \approx 0{,}05$ 121

   Resultat: $f(t) = 27000 \cdot e^{-0{,}05t}$

   b) $f(t) = 13500$: $t = \frac{\ln 0{,}5}{-0{,}05} \approx 13{,}86$: Nach ca. 13,86 Monaten.

   c) $f(5) - f(6) \approx 21028 - 20000 = 1028$: Er sinkt um 1028 Autos.

2. $N(t) = c \cdot a^t = 10000 \cdot 1{,}1^t = 10000 \cdot e^{\ln 1{,}1 \cdot t} \approx 10000 \cdot e^{0{,}0953t}$ 122

   $10000 \cdot e^{0{,}0953t} = 1000000$: $t = \frac{\ln 100}{0{,}0953} \approx 48{,}32$

   Nach ca. 48,32 Jahren wird die Millionengrenze erreicht.

3. a) Anfangsbestand: $N_0 = 1000$
   Bestand nach einem Tag: $N(1) \approx 933{,}33\text{mg}$

   täglicher Zerfall: $\frac{66{,}67}{1000} \approx 6{,}67\%$

   b) Halbwertszeit: $T = \frac{\ln 2}{k} = 10{,}05$ ca. 10 Tage
   Ausgangswert zu Beginn: 1000mg, 1% davon sind 10mg

   Nach n-maliger Halbwertszeit gilt $\frac{1000}{2^n} = 10$, $n = \frac{\ln 100}{\ln 2} \approx 6{,}64$

   Die Probe ist nach ca. 66 Tagen ausgebrannt. Probe: $1000 \cdot e^{-0{,}069 \cdot 66} \approx 10{,}5$

   Alternativ: $10 = 1000 \cdot e^{-0{,}069t}$, $t \approx 66{,}7$

4. a) $N_1(5) \approx 23213$ Einwohner

   b) $N_1(t) = 30000 \cdot e^{-0{,}0513t} = 20000$, $t = \frac{\ln\frac{2}{3}}{-0{,}0513} \approx 7{,}904$
   Am Ende des 8. Jahres.

   c) $N_1'(t) = -1539 \cdot e^{-0{,}0513t}$, $N_1'(0) \approx -1539$, $N_1'(10) \approx -921$

   d) $N_1 = N_2$: $30000 \cdot e^{-0{,}0513t} = 10000 \cdot e^{0{,}09531t}$, $3 = e^{0{,}14661t}$, $t \approx 7{,}493$

   $N_1(7{,}493) \approx 20426$

   Nach ca. $7\frac{1}{2}$ Jahren haben beide Städte jeweils ca. 20426 Einwohner.

   e) $s(t) = N_1(t) + N_2(t)$, $s'(t) = -1539 \cdot e^{-0{,}0513t} + 953{,}1 \cdot e^{0{,}09531t} = 0$, $t = \frac{\ln\frac{1539}{953{,}1}}{0{,}14661} \approx 3{,}27$

   Nach ca. 3,27 Jahren ist die Summe minimal.

122 5. a) stündlich 0,2 Promille Abbau: $a(t) = 1{,}8 - 0{,}2 \cdot t$

b) $1{,}8 \cdot 0{,}8^t = 1{,}8 \cdot e^{\ln 0{,}8 \cdot t} = 1{,}8 \cdot e^{-0{,}2231t} = b(t)$

c) $a(6) = 0{,}6 > 0{,}5$: Nein!

d) $1{,}8 \cdot e^{-0{,}2231t} = 0{,}5: \quad t = \frac{\ln\frac{1{,}8}{0{,}5}}{0{,}2231} \approx 5{,}74$

Um kurz vor 6^{00} Uhr ist die Grenze erreicht.

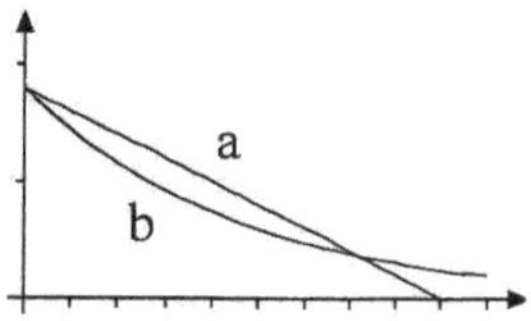

e) $d(t) = 1{,}8 - 0{,}2 \cdot t - 1{,}8 \cdot e^{-0{,}2231t}$

$d'(t) = -0{,}2 + 0{,}4016 \cdot e^{-0{,}2231t}, \quad d'(t) = 0: \quad t = \frac{\ln\frac{0{,}2}{0{,}4016}}{-0{,}2231} \approx 3{,}12$

Nach ca. 3,12 Stunden ist der Unterschied am größten.

f) $a = b: \quad 1{,}8 - 0{,}2 \cdot t = 1{,}8 \cdot e^{-0{,}2231t}$

Newton-Verfahren: $x_0 = 7, \quad x_1 = 7 - \frac{0{,}4 - 1{,}8e^{-1{,}561}}{-0{,}2 + 0{,}4e^{-1{,}561}} \approx 7 - \frac{0{,}022}{-0{,}116} \approx 7{,}19$

Nach ca. 7,19 Stunden zeigen beide Modelle den gleichen Wert 0,362 an.

6. a) Kettenregel: $p'(h) = -0{,}00013 \cdot 1013 \cdot e^{-0{,}00013h} = -0{,}00013 \cdot p(h)$

b) $p(2000) \approx 781{,}10\text{mbar}, \quad p(8882) \approx 319{,}26\text{mbar}$

c) $1013 \cdot e^{-0{,}00013h} = 500, \quad h \approx 5431\text{m}$

124 7. $30 = 40 - 25 \cdot e^{-0{,}1 \cdot t}, \quad 0{,}4 = e^{-0{,}1 \cdot t}$

$t = \frac{\ln 0{,}4}{-0{,}1} \approx 9{,}16$

$30 = 40 - 25 \cdot e^{-0{,}2 \cdot t}, \quad 0{,}4 = e^{-0{,}2 \cdot t}$

$t = \frac{\ln 0{,}4}{-0{,}2} \approx 4{,}58$

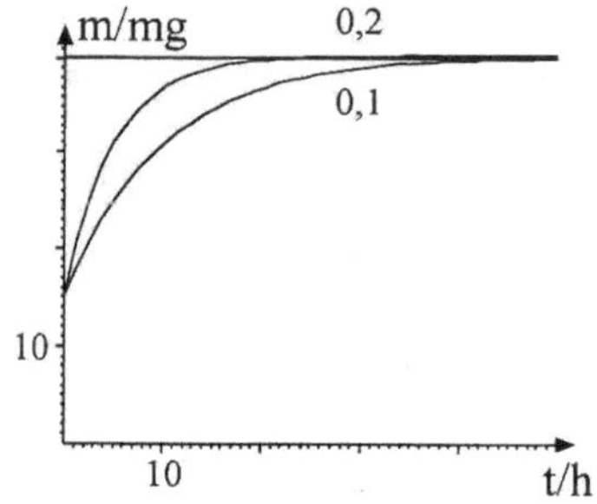

30g werden nach ca. 9,16 Tagen $(k = 0{,}1)$
bzw. nach ca. 4,58 Tagen $(k = 0{,}2)$ erreicht.
Wachstumsgeschwindigkeit: $m'(x) = 25k \cdot e^{-kt}$
$k = 0{,}1: m'(0) = 2{,}5 ; m'(10) = 0{,}92$
$k = 0{,}2: m'(0) = 5 ; m'(10) = 0{,}68$

125 8. b) $N(0) = 2$; Anfangsbestand: 2000

$G = \lim_{t \to \infty} N(t) = 10$; Grenzbestand: 10000

c) $N(3) = 10 - 8e^{-0{,}6} = 5{,}61$
Bestand zur Zeit $t = 3$: 5610

d) $8 = 10 - 8e^{-0{,}2t}, \quad t = \frac{\ln\frac{2}{8}}{-0{,}2} \approx 6{,}93$

Nach ca. 7 Stunden hat sich der Anfangsbestand vervierfacht.

e) $N'(t) = 1{,}6e^{-0{,}2t}, \ N'(0) = 1{,}6, \ N'(10) = 1{,}6e^{-2} = 0{,}22$
Die Wachstumsgeschwindigkeit beträgt zu Beginn 1600 und nach 10 Stunden 220 Individuen pro Stunde.

a)

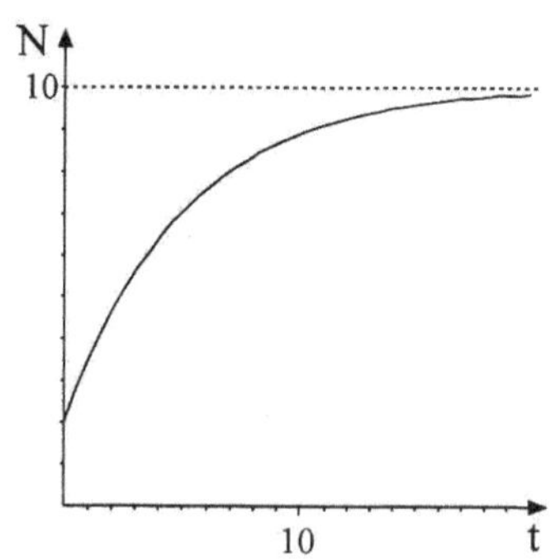

9. a) 125

t	0	20	40	60	80	100
W	0	393469	632121	776870	864665	917915

b) $W(50) \approx 713495\,m^3$, $W(200) \approx 993262\,m^3$

$\lim\limits_{t\to\infty} W(t) = 1000000 m^3$

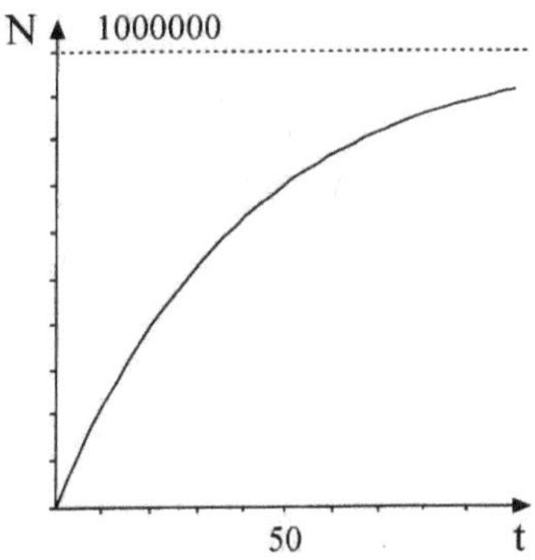

c) Wegen b) kann er nicht völlig gefüllt werden.
$600000 = 1000000(1-e^{-0,025t})$

$e^{-0,025t} = 1-0,6 = 0,4$, $t = \frac{\ln 0,4}{-0,025} \approx 36,65$

Nach ca. 37 Stunden ist er zur Hälfte gefüllt.

d) $W'(t) = 25000e^{-0,025t}$, $W'(20) = 15163$, $W'(0) = 25000$
Der konstante Zufluss beträgt 25000 m^3/h,
nach 20 Stunden füllt sich der See noch
mit ca. 15163 m^3/h.

10. a) Wir benutzen als Ansatz die Gleichung des begrenzten Wachstums, die mit einem positiven Faktor c zu einem monoton fallenden Verlauf führt.

$T(t) = 20 + c \cdot e^{-kt}$, $T(0) = 2000$: $c = 1980$

$T(10) = 20 + 1980 \cdot e^{-10k} = 1800$: $k = \frac{\ln\frac{1780}{1980}}{-10} \approx 0,011$

$T(t) = 20 + 1980 \cdot e^{-0,011t}$

b) $T(t) = 20 + 1980 \cdot e^{-0,011t} = 1538$: $t = \frac{\ln\frac{1518}{1980}}{-0,011} \approx 24,15$

Es dauert etwas länger als 24 Minuten.

c) $T'(t) = -21,78 \cdot e^{-0,011t}$, $T'(0) = -21,78$ °C/min

11. a) $L(t) = 500 - 500 \cdot e^{kt}$, $L(1) = 40$: $500 - 500e^k = 40$, $k = \frac{\ln\frac{460}{500}}{1} \approx -0,0834$ 126

$L(t) = 500 - 500 \cdot e^{-0,0834t}$

b) $250 = 500 - 500 \cdot e^{-0,0834t}$, $t = \frac{\ln 2}{0,0834} \approx 8,31$

Er benötigt etwas mehr als 8 Stunden.

c) Ansatz: $L_A(t) = N_0 - N_0 \cdot e^{kt}$

$N(1-e^k) = 50$ und $N(1-e^{2k}) = 98$

$\frac{1-e^{2k}}{1-e^k} = \frac{98}{50}$, $1+e^k = \frac{98}{50}$, $k = \ln\frac{48}{50} \approx -0,0408$

$N = \frac{50}{1-e^{-0,0408}} \approx 1250$, $L_A(t) = 1250(1-e^{-0,0408})$

Anjas Kapazitätsgrenze liegt bei 1250 Vokabeln.

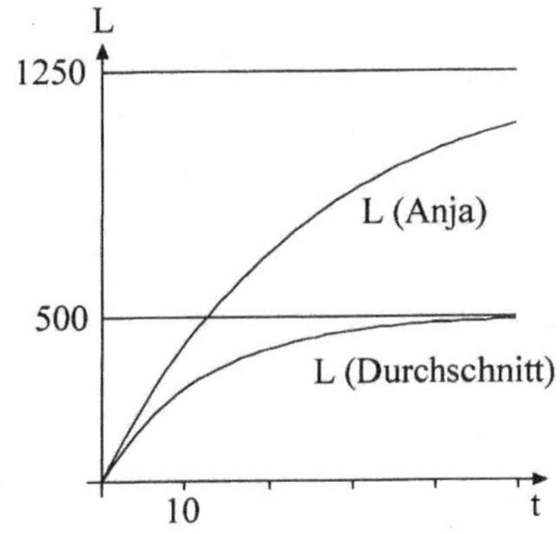

d) $L'(t) = 41,7 \cdot e^{-0,0834t} = 10$, $t \approx 17,12$
Nach ca. 17 Stunden sinkt die Lernrate
auf 10 Vokabeln pro Stunde.
Anjas Lernrate nach 10 Stunden:

$L_A'(10) = 51 \cdot e^{-0,408} \approx 34$ Vokabeln pro Stunde

126

12. a) $N'(t) = k \cdot (800 - N(t))$, $N(t) = 800 - 300 \cdot e^{kt}$

$N(3) = 800 - 300 \cdot e^{3k} = 700$, $k \approx -0,366$

$N(t) = 800 - 300 \cdot e^{-0,366t}$

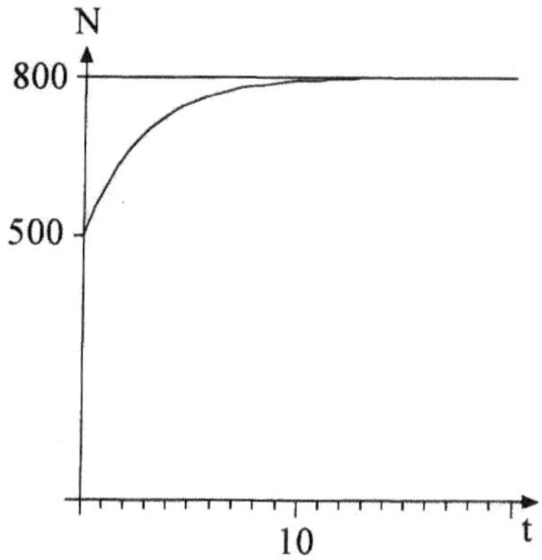

b) Nach 5 Jahren sind es $N(5) \approx 752$ Wölfe.

d) $N(9) \approx 789$, $N(t) = 789 \cdot 0,9^t = 100$, $t \approx 19,6$

Im 20. Jahr nach Beginn des Absinkens
also im 30. Jahr seit Beobachtungsbeginn.

13. a) $P(5)$: $300000(1 - e^{-5k}) = 32135$, $k \approx 0,0227$

b) P(30): ca. 148000 Personen

c) Maximalkapazität: 300000 Personen

$300000(1 - e^{-0,0227t}) = 270000$

$0,1 = e^{-0,0227t}$, $t \approx 101$

Nach 101 Minuten, also ca. 41 Minuten nach Beginn des Spiels beträgt die Auslastung 90%.

d) $P'(t) = 6810 \cdot e^{-0,0227t}$, $P'(0) \approx 6810$, $P'(30) \approx 3447$

Zu Beginn beträgt die Einlassgeschwindigkeit ca. 6800 Personen pro Minute,
nach 30 Minuten sind es ca. 3450 Personen pro Minute.

7. Modellierung mit Exponentialfunktionen

1. a) $f'(x) = (1-0{,}5x)e^{0{,}5x}$, $f'(x) = 0$ für $x = 2$, $f(2) = 2e \approx 5{,}44$ 128
   Die maximale Nord–Süd–Ausdehnung beträgt ca. 544 m.
   $f(-4) = 8e^{-2} \approx 1{,}08$: Die Begrenzungsmauer ist ca. 108 m lang.

   b) $F'(x) = (0{,}5a-2-x)e^{0{,}5x}$, $4 = 0{,}5a - 2$, $a = 12$

$$A = \int_{-4}^{4} f(x)dx = F(4) - F(-4) \approx 26{,}8495$$

   Das Gehege ist ca. 268495 m^2 groß.

2. $g(0) = 10 = a$ 129

$$g(20) = 2 = 10 \cdot e^{-20b}, \quad b = \tfrac{\ln 0{,}2}{-20} \approx 0{,}08, \quad g(x) = 10 \cdot e^{-0{,}08x}$$

$$A = 2 \cdot \int_{0}^{20} 10 \cdot e^{-0{,}08x}dx = 2 \cdot [-125 \cdot e^{-0{,}08x}]_0^{20} \approx 199{,}53$$

   Der Flächeninhalt des Querschnittes beträgt ca. 199,53 cm^2.

3. a) $f(0) = 2{,}4 - 0{,}2 \cdot 2 = 2$, Höhe stimmt 130
   $f(-1) = -0{,}05 \approx 0$, $f(1) \approx 0$, Breite stimmt

   b) $f'(x) = -0{,}2(2{,}5e^{2{,}5x} - 2{,}5e^{-2{,}5x}) = -0{,}5(e^{2{,}5x} - e^{-2{,}5x})$
   $f'(-1) \approx 6{,}05$, $\alpha \approx 80{,}6°$
   Am linken unteren Torbogen muss die Säge unter ca. 81° angesetzt werden.

   c) Zu streichende Fläche: $A = 4 \cdot 8 - A_{Torbogen}$

$$A_{Torbogen} = 2\int_{0}^{1} f(x)dx = 2[2{,}4x - 0{,}2(\tfrac{2}{5}e^{2{,}5x} - \tfrac{2}{5}e^{-2{,}5x})]_0^1 \approx 2{,}86$$

   $A \approx 32 - 2{,}86 = 29{,}14$
   Die zu streichende Fläche beträgt ca. 29 m^2.

4. a) $G'(x) = (2x-20)\,e^{\frac{x-10}{5}} = g(x)$

$$A = A_{gelb} + A_{rot} = \int_{0}^{8} f(x)dx + \int_{0}^{10} g(x)dx$$

$$= [-\tfrac{1}{24}x^3 + \tfrac{1}{2}x^2]_0^8 + |\,[(10x - 150)e^{\frac{x-10}{5}}]_0^{10}\,| \approx 40{,}37$$

   Der Flächeninhalt beträgt ca. 40,37 FE = 403700 m^2 = 40,37 ha.

   b) $g'(x) = (\tfrac{2}{5}x - 2)e^{\frac{x-10}{5}}$, $g'(x) = 0$ für $x = 5$, $g(5) \approx -3{,}68$
   Die Nord–Süd–Ausdehnung beträgt ca. 368 m.

130 5. a) $4 - f(4) = 4 + 40e^{-5} \approx 4{,}27$: Der rechte Beckenrand ist ca. 42,7 m lang.
Oberer Rand: $f(x) = 4$, $4 = -10xe^{-x-1}$:
schrittweises Probieren, beginnend mit $x = -0{,}5$ führt auf $x \approx -0{,}6$
Der obere Rand ist ca. 46 m lang.

b) $f'(x) = (10x-10)e^{-x-1}$, $f'(x) = 0$ für $x = 1$, $f(1) = -10e^{-2} \approx -1{,}35$
Die maximale vertikale Ausdehnung beträgt ca. 53,5 m.

c) $F'(x) = 10(1-x-1)e^{-x-1} = -10xe^{-x-1} = f(x)$

$$A = \int_{-0,6}^{4} (4 + 10xe^{-x-1})dx = [4x - 10(x+1)e^{-x-1}]_{-0,6}^{4} \approx 20{,}74$$

Es werden ca. 2074 m^2 Fliesen benötigt.

132 6. $f'(2) = -1$, $g(x) = \frac{1}{8}(x-6)^2 = \frac{1}{8}x^2 - \frac{3}{2}x + \frac{9}{2}$

$F'(x) = (-1 + x + 1) \cdot e^{2-x} = x \cdot e^{2-x} = f(x)$

$$A = F(2) - F(0) + \int_2^6 g(x)dx = -3 + e^2 + [\tfrac{1}{24}x^3 - \tfrac{3}{4}x^2 + \tfrac{9}{2}x]_2^6 \approx 7{,}06$$

133 7. a) $20 - 18e^{-0,12t} = 15 \Rightarrow t = \frac{\ln\frac{5}{18}}{-0{,}12} \approx 10{,}67$

15mg werden im Laufe der 11-ten Stunde erreicht.

b) $m'(t) = 2{,}16e^{-0,12t}$, $m'(0) = 2{,}16$, $m'(24) \approx 0{,}12$

134 8. Punktprobe mit den angegebenen Daten:
$4{,}69 = 4 + ae^{-2k}$, $a = 0{,}69e^{2k}$

$4{,}47 = 4 + 0{,}69e^{-3k}$, $k = \frac{\ln\frac{0,47}{0,69}}{-3} \approx 0{,}13$, $a \approx 0{,}89$, Resultat: $h(t) = 4 + 0{,}89e^{-0,13t}$

Sinkgeschwindigkeit:

mittlere: $\frac{h(10)-h(0)}{10-0} = \frac{-4{,}89+4{,}24}{10} = -0{,}065$, sie beträgt 65 m/min

maximale: $h'(t) = -0{,}1157e^{-0,13t}$ ist streng monoton fallend, ist also bei $t = 0$ maximal
Die maximale Sinkgeschwindigkeit beträgt also ca. 116 m/min.

135

9. b) Es gilt $\frac{h(4)}{h(0)} = \frac{h(8)}{h(4)} = ...$, also liegt unbegrenztes exponentielles Wachstum vor.
Es gilt $h(t) = 2 \cdot 1{,}75^{0{,}25t} \approx 2e^{0{,}14t}$

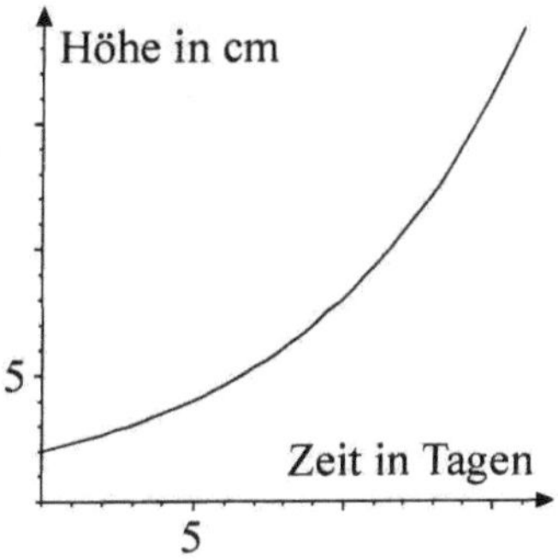

c) mittlere Wachstumsgeschwindigkeit:
$\frac{h(10)-h(0)}{10-0} = \frac{8{,}1-2}{10} = 0{,}61\,\text{cm/Tag}$
momentane zu Beginn des 10. Tages
d.h. für $t = 9$: $h'(t) = 0{,}28e^{0{,}14t}$, $h'(9) = 0{,}99$
bzw. $h'(t) = 0{,}5 \cdot 1{,}75^{0{,}25t} \cdot \ln 1{,}75$, $h'(9) = 0{,}99$, also ca. 1cm/Tag

d) $40 = 2e^{0{,}14t}$, $t = \frac{\ln 20}{0{,}14} \approx 21{,}40$ d.h. ca. in der Mitte des 22. Tages

bzw. $40 = 2 \cdot 1{,}75^{0{,}25t}$, $t = \frac{\ln 20}{0{,}25 \cdot \ln 1{,}75} \approx 21{,}41$ d.h. ca. in der Mitte des 22. Tages

10. a) $h_1(10) = 13{,}19$, $h_2(10) = 13{,}8$
1 ml enthält nach h_1 ca 13,2 Mio. und nach h_2 ca. 13,8 mio. Keime.

b) h_1: $7{,}5 = 5 + 10e^{-0{,}02t}$, $t = \frac{\ln 0{,}25}{-0{,}02} \approx 69{,}31$, h_2: $7{,}5 = 15 - 0{,}12t$, $t = 62{,}5$

Halbe Keimzahl ist nach h_1 nach ca. 69,3 und nach h_2 nach ca. 62,5 Stunden erreicht.

c) $d(t) = 5 + 10e^{-0{,}02t} - 15 + 0{,}12t$, $d'(t) = -0{,}2e^{-0{,}02t} + 0{,}12$, $t = \frac{\ln \frac{-0{,}12}{-0{,}2}}{-0{,}02} \approx 25{,}54$

Im Laufe der 26. Stunde ist der Unterschied am größten.

11. a) $L(0) = 1{,}8$, $L(12) = 2{,}48$: $L(t) = 3 - 1{,}2e^{-0{,}07t}$

b) Wenn das Wachstumsgesetz über $t = 12$ hinaus gilt, gibt es kein Maximum.
3 Meter ist eine obere Schranke für seine Länge.

c) 75% der theoretische Maximallänge sind 2,25 m.

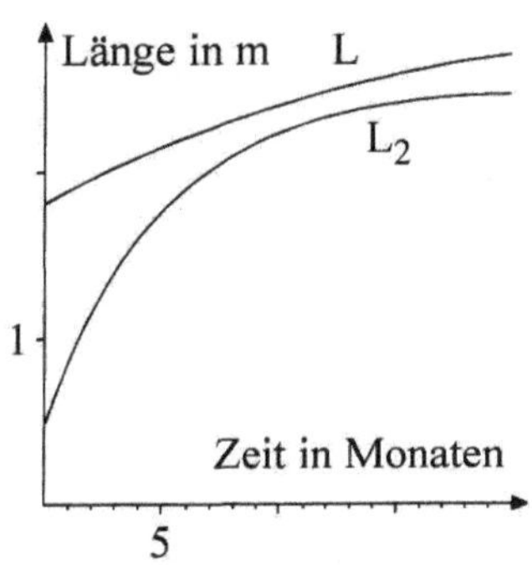

$2{,}25 = 3 - 1{,}2e^{-0{,}07t}$, $t = \frac{\ln \frac{-0{,}75}{-1{,}2}}{-0{,}07} \approx 6{,}71$

Im Laufe des 7. Monats ist diese Länge erreicht.
momentane Wachstumsgeschwindigkeit:
$L'(t) = 0{,}084e^{-0{,}07t}$, $L'(6{,}71) = 0{,}0525$
Seine Wachstumsgeschwindigkeit beträgt dann ca. 5,25 cm/Monat.

d) $d(t) = 3 - 1{,}2e^{-0{,}07t} - 2{,}5 + 2e^{-0{,}2t}$, $d'(t) = 0{,}084e^{-0{,}07t} - 0{,}4e^{-0{,}2t}$

$d'(t) = 0$: $0{,}21 = e^{-0{,}13t}$, $t = \frac{\ln 0{,}21}{-0{,}13} = 12$

Nach einem Jahr ist ihre Längendifferenz am geringsten.

135 12. a) Nullstellen: keine (wg. $t > 0$)

$N'(t) = (-16t^2+80t)e^{1-0,4t}$

$N''(t) = (6,4t^2-64t+80)e^{1-0,4t}$

$N'''(t) = (-2,56t^2+38,4t-96)e^{1-0,4t}$

Extrema: $N'(t) = 0$ für $t = 5$, $N''(5) < 0$, $H(5|368)$

Wendepunkte: $N''(t) = 0$:

$t^2-10t+12,5 = 0$

$t_{1/2} = 5 \pm \sqrt{12,5}$, $x_1 \approx 1,46$, $x_2 \approx 8,54$

$N'''(1,46) \neq 0$, $N'''(8,54) \neq 0$

$W_1(1,46 \mid 129)$, $W_2(8,54 \mid 260)$

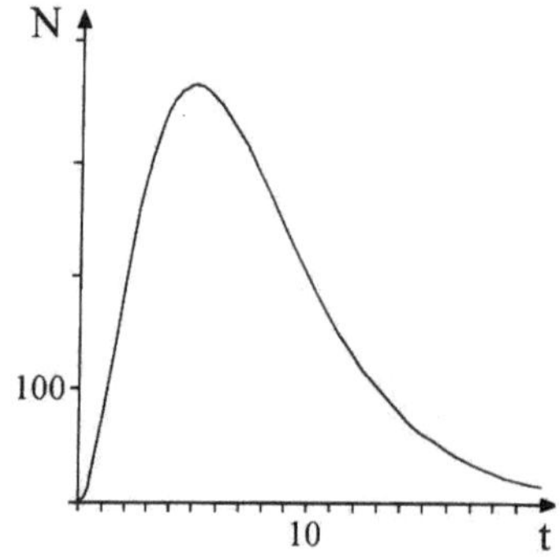

b) Im Hochpunkt, also nach 5 Tagen hat die Population mit ca. 368 Fliegen ihr Maximum.

c) Die größten Änderungsraten werden in den Wendepunkten erreicht.
Nach ca. 1,46 Tagen beträgt die Wachstumsgeschwindigkeit $N'(1,46) = 125$ Fliegen pro Tag, d.h. Moment der stärksten Zunahme der Population.
Nach ca. 8,54 Tagen beträgt die Wachstumsabnahmegeschwindigkeit $N'(8,54) = -43$ Fliegen pro Tag, d.h. Moment der stärksten Abnahme der Population .

8. Exponentielle Prozesse

1. a) $h(0) = 2$: $2 = b$ 137
   $h(1) = 3$: $3 = (a+2)e^{-0,1}$, $a = 1,32$
   $h(t) = (1,32t+2)e^{-0,1t}$
   b) $h'(t) = (1,12-0,132t)e^{-0,1t}$
   $h'(t) = 0$ für $t \approx 8,48$, $h(8,48) \approx 5,63 < 6$
   Er kommt nicht in die Gefahrenzone.
   c) Im Wendepunkt: $h''(t) = (0,0132t-0,244)e^{-0,1t}$, $h''(t) = 0$ für $t \approx 18,48$
   Nach ca. 18,5 Stunden fällt sie am stärksten.
   d) $h(t) = 2$: $2 = (1,32t+2)e^{-0,1t}$
   Schrittweises Probieren, z.B. t = 30, 31.
   Nach ca. 30,5 Stunden ist die Ausgangskonzentration wieder erreicht.

2. a)

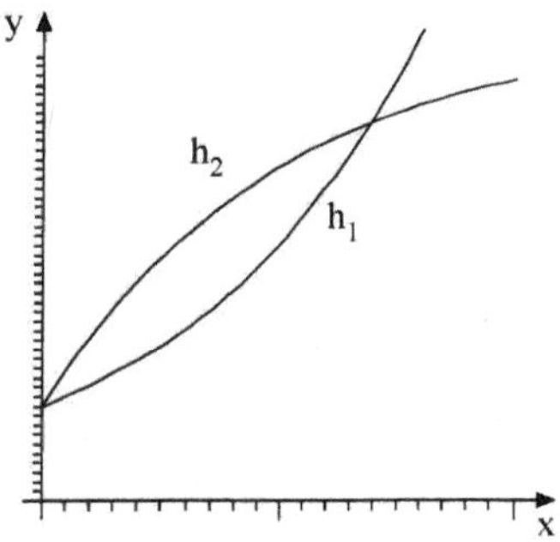

   b) B_1: $20 = 10e^{0,1t}$, $t \approx 6,93$ 138
   B_2: $20 = 50-40e^{-0,1t}$, $t \approx 2,88$
   Blume 1 erreicht 20 cm Höhe nach ca. 7 Tagen, bei Blume 2 sind es ca. 3 Tage.
   c) $h_2'(t) = 4e^{-0,1t}$, $1 = 4e^{-0,1t}$ gilt für $t \approx 14$
   Am 14. Tag wächst Blume 2 um 1 cm.
   d) $d(t) = h_2(t) - h_1(t) = 50 - 40e^{-0,1t} - 10e^{0,1t}$
   $d'(t) = 4e^{-0,1t} - e^{0,1t}$, $d'(t) = 0$, $4 = e^{0,2t}$, $t \approx 6,93$
   $d(6,93) \approx 10$
   Nach ca. 7 Tagen ist die Differenz mit ca. 10 cm lokal maximal.
   e) $d(t) = 0$: Probieren liefert:
   $d(10) \approx 8$, $d(15) \approx -3,7$, $d(14) \approx -0,4$, $d(13) \approx 2,4$
   Im Laufe des 14. Tages überholt Blume 1 Blume 2, d.h. sie sind für einen Moment gleich groß. Zu Beginn (t = 0) waren sie mit 10cm ebenfalls gleich groß.

3. a) $h(0) = 240$, $h(12) = 263$ 139
   Franz hat 240 Hasen gekauft. Nach einem Jahr sind es 263 Hasen.
   b) $h'(t) = (8-t)e^{-0,05t}$, $h'(0) = 8$: Die Wachstumsrate beträgt 8 Hasen/Monat.
   c) $h'(t) = 0$ gilt für $t = 8$, $h''(t) = (0,05t-1,4)e^{-0,05t}$, $h''(8) = -e^{-0,4} < 0$, Max.
   Nach 8 Monaten erreicht die Population ihr Maximum.
   d) $h''(t) = 0$ gilt für t = 28: Nach 28 Monaten verringert sich die Population am stärksten.

4. a) Nullstellen: t = 0 und t = 6
   Die Epidemie dauert 6 Wochen.
   b) Ableitungen: $N'(t) = (-t^2 + 4t + 6) \cdot e^{t-6}$, $N''(t) = (-t^2 + 2t + 10) \cdot e^{t-6}$
   Extrema: $N' = 0$: $t = 2 \pm \sqrt{10}$, $N''(5,16) < 0 \Rightarrow H(5,16 \mid 1,87)$
   Nach 5,16 Wochen ist mit ca. 1,87 Millionen Erkrankten das Maximum erreicht.

139 c) Die Erkranktenzahl steigt im Wendepunkt am schnellsten.

$N''=0: \quad t=1\pm\sqrt{11}, \quad N'(4{,}32)\approx 0{,}86, \quad N(4{,}32)\approx 1{,}35$

Die Erkranktenzahl steigt nach 4,32 Wochen am schnellsten mit ca. 1,35 Millionen. Die Erkrankungsrate beträgt ca. 0,86 Millionen/Woche.

5. a) $v(1)=0, \; v(3{,}51)\approx 0$

$v>0$ für $t\in(0;1)$, $v<0$ für $t\in(1;3{,}51)$, $v>0$ für $t>3{,}51$

b) $v'(t)=(-100+50t)\cdot e^{-0{,}5(t-1)}, \quad v'(t)=0: \quad t=2, \quad v(2)\approx -21{,}31$

Die Sinkgeschwindigkeit ist bei $t = 2$ mit $v(2) \approx -21{,}31$ m/min am größten.

c) $V'(t)=(2-t-2)\cdot e^{-0{,}5(t-1)} = -t\cdot e^{-0{,}5(t-1)} = v(t)$

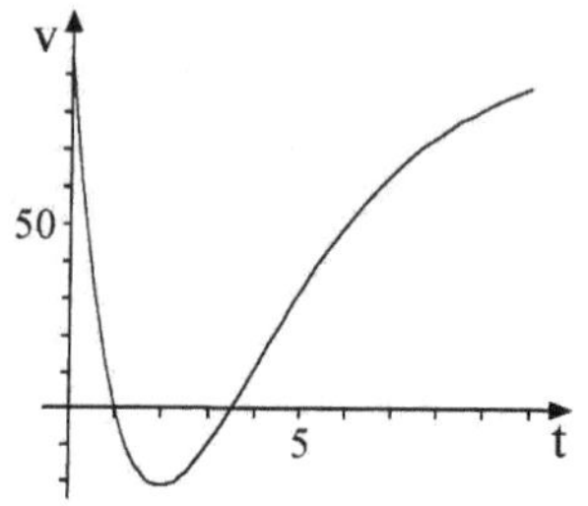

$h(t)=100t+(200t+400)\cdot e^{-0{,}5(t-1)}-559{,}5$

vor dem Absinken bei $t = 1$: $h(1) = 140{,}5$m

geringste Höhe nach der Sinkphase bei

$t \approx 3{,}51$: $h(3{,}51)\approx 105{,}65$m

10min nach dem Ausklinken: $h(10)\approx 467{,}16$m

140 6. a) $v'(t) = (20-2t)e^{-0{,}1t}$, $v'(t) = 0$ gilt für $t = 10$, $v(10) \approx 73{,}6$ m/s

Die Maximalgeschwindigkeit beträgt 73,6 m/s.

b) $s'(t) = (-200+20t+200)e^{-0{,}1t} = v(t)$ und $s(0) = 0$

c) $l = s(30) \approx 1602$: Die Wegstrecke beträgt ca. 1602 m.

141 7. a) $G(t)=\int s(t)dt = -6\cdot e^{-0{,}5t}+C, \; C=6$, da der Fluss zunächst giftfrei war.

b) $G_1 = G(1)-G(0)\approx 2{,}36$g, $\quad G_2 = G(2)-G(1)\approx 1{,}43$ g

c) $G(12)-G(0)\approx 5{,}985$

d) mögliche Ansätze: 1. $\overline{s} = \frac{s(0)-s(5)}{2}\approx 1{,}62$; 2. $\overline{s} = \frac{s(0)+s(1)+...+s(5)}{6}\approx 1{,}21$

3. $\overline{s}(t)=\frac{1}{5}\int_0^5 s(t)dt = \frac{1}{5}[-6\cdot e^{-0{,}5t}+6]_0^5 = \frac{1}{5}(-6e^{-2{,}5}+6)\approx 1{,}10$

142 8. a) $m(t) = t - 1000e^{-0{,}01t} + C, \; m(0) = 0, \; C = 1000$

$m(t) = t - 1000e^{-0{,}01t} + 1000$

b) $m'(t) = 3, \; 3 = 1 + 10e^{-0{,}01t}$ gilt für $t\approx 161$

Nach 161 Tagen sinkt die Fördergeschwindigkeit unter 3 Tonnen/Tag.

Ölmenge = $\int_0^{161} m'(t)dt = [t-1000e^{-0{,}01t}+1000]_0^{161} \approx 961{,}1$

Es werden 961 Tonnen gefördert.

9. a) $h(t) = \frac{1}{-0{,}05}e^{-0{,}05t}+C = -20e^{-0{,}05t}+C, \quad h(0) = 20 \Rightarrow C = 40$

$h(t) = 40 - 20e^{-0{,}05t}$

b) $h(t) = 30, \; 30 = 40 - 20e^{-0{,}05t}$ gilt für $t\approx 13{,}86$

Am 14. Tag läuft der Speicher über.

10. a) $L(t) = 20e^{-0,02t} + C$, $L(0) = 30$, $C = 10$ 142
$L(t) = 10 + 20e^{-0,02t}$
b) $L(t) = 15$, $15 = 10 + 20e^{-0,02t}$ gilt für $t \approx 69,31$
Nach ca. 69 Jahren wird der Gletscher nur noch 15 km lang sein.

11. a) $z(t) = c \cdot e^{-kt}$, $t = 0$: $c = 20$; $t = 1$: $18,09 = 20 \cdot e^{-k}$, $k \approx 0,1$, $z(t) = 20 \cdot e^{-0,1t}$
b) $10 = 20 \cdot e^{-0,1t}$, $t \approx 6,93$ Nach etwa 7 Stunden.
c) $M(t) = \int z(t)dt = -200 \cdot e^{-0,1t} + C$, $C = 200$ (wg. $M(0) = 0$)
d) $M(24) = 182$mg

12. a) $f(10) = 5e^{-2,5} \approx 0,41$: Nach 10 Jahren beträgt die Zuwachsrate 410 Elefanten.
b) Die Population steigt im gesamten dargestellten Bereich. 143
c) Sie wächst im Wendepunkt bei $t = 4$ am stärksten.
d) $F'(t) = 0,5e^{-0,25t}(t+4) - 2e^{-0,25t} = 0,5t \cdot e^{-0,25t} = f(t)$
e) $G(t) = F(t) + C$ mit $G(0) = -8 + C = 2,5$, $C = 10,5$
f) Die Maximalpopulation beträgt 10500 Elefanten.

13. a) $f(5) = 2500e^{-0,5} \approx 1516,33$
Nach 5 Minuten rufen ca. 1516 Zuschauer an.
b) $f'(t) = (500 - 50t) \cdot e^{-0,1t} = 0$ gilt für $t = 10$, $f(10) = 1839$
Die maximale Anrufrate beträgt 1839.
c) $500t \cdot e^{-0,1t} = 919,5$, $t \approx 27$
d) Am stärksten im Wendepunkt: $f''(t) = (5t - 100) \cdot e^{-0,1t} = 0$ gilt für $t = 20$
e) $F'(t) = 500 \cdot e^{-0,1t}(t+10) - 5000 \cdot e^{-0,1t} = 500t \cdot e^{-0,1t} = f(t)$
$G = F(60) - F(0) \approx 49132$

Die Radiokarbonmethode

$N(600) = 3 \cdot 10^{-11} \cdot e^{-0,00012 \cdot 600} \approx 2,79 \cdot 10^{-11}\%$ 145

Test

148 1. Nullstellen: $x = 0$ und $x = 3$

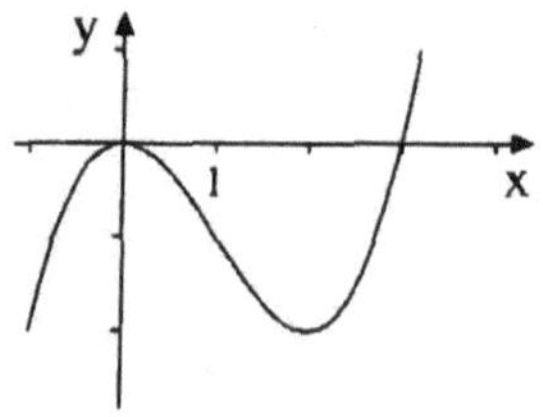

$f'(x) = \frac{3}{2}x^2 - 3x, \quad f''(x) = 3x - 3, \quad f'''(x) = 3$

Extrema: $f'(x) = 0$: $x = 0$ und $x = 2$

$f''(0) = -3 < 0 \Rightarrow H(0|0), \quad f''(2) = 3 > 0 \Rightarrow T(2|-2)$

Wendepunkt: $f''(x) = 0$, $x = 1$, $f'''(1) = 3$ also R-L-W(1|–1)

Fläche A: $\int_0^3 f(x)dx = [\frac{1}{8}x^4 - \frac{1}{2}x^3]_0^3 = -3{,}375$; Der Flächeninhalt beträgt 3,375 FE.

2. a) $f'(x) = -\frac{5}{4}\pi \cdot \sin(\frac{\pi}{4}x), \quad f'(2) = -\frac{5}{4}\pi, \quad f(2) = 0$

$t(x) = -\frac{5}{4}\pi(x-2) = -\frac{5}{4}\pi x + \frac{5}{2}\pi$

b) $A = \int_0^2 (f(x) - g(x))dx = [\frac{20}{\pi}\sin(\frac{\pi}{4}x) - \frac{1}{3}x^3 + x^2]_0^2 = \frac{20}{\pi} - \frac{8}{3} + 4 \approx 7{,}70$

3. a) $f'x) = (1-x)\cdot e^{2-x}, \quad f''(x) = (x-2)\cdot e^{2-x}$

Extrema: $f'(x) = 0$: $x = 1$, $f''(1) < 0 \Rightarrow H(1|e)$

Wendepunkt: $f''(x) = 0$: $x = 2$, $W(2|2)$

b) Wendetangente: $t(x) = -(x-2) + 2 = -x + 4$

Wendenormale: $n(x) = (x-2) + 2 = x$

c) $F'(x) = (a - b - ax)\cdot e^{2-x} = x \cdot e^{2-x} \Rightarrow a = -1, \quad b = -1$

$F(x) = -(x+1)\cdot e^{2-x}$, Probe: $F'(x) = -(1 - x - 1)\cdot e^{2-x} = x\cdot e^{2-x} = f(x)$

d) $A = F(4) - F(0) = -5\cdot e^{-2} + e^2 \approx 6{,}71$

4. **Fehler im 1. Druck des Schulbuchs:** $f(x) = 3x \cdot e^{-\frac{x}{3}}$

$A = x \cdot y = 3x^2 e^{-\frac{x}{3}}, \quad A'(x) = (6x - x^2)e^{-\frac{x}{3}} = 0, \quad x = 0, \quad x = 6$

Für $u = 6$ ist der Inhalt maximal.

5. a) $N''(t) = (20t - 40)\cdot e^{-t}$ Vermutung: $N(t) = 20t \cdot e^{-t}$

Probe: $N'(t) = (20 - 20t)\cdot e^{-t}$

$N(0) = 40$: $N(t) = 20t \cdot e^{-t} + 40$

b) $N'(t) = 0$: $t = 1$, $N(1) = 20\cdot e^{-1} + 40 \approx 47$

IV. Funktionenscharen

1. Ganzrationale Funktionenscharen

152

1. a) Nullstellen: $x = 1$ und $x = a$

$f_a{}'(x) = 2x - a - 1, \quad f_a{}''(x) = 2$

Extrema:

$f_a{}'(x) = 0: \quad x = \frac{a+1}{2}, \quad f_a{}''(\frac{a+1}{2}) = 2 > 0 \Rightarrow T(\frac{a+1}{2} \mid -(\frac{a+1}{2})^2 + a)$

b) 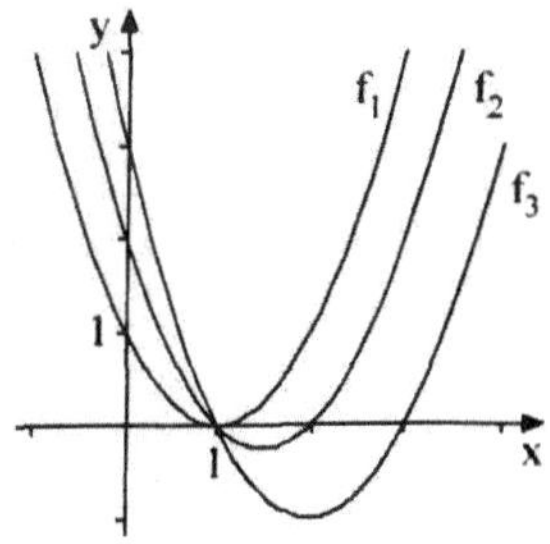

c) $\frac{a+1}{2} = 2$ gilt für $a = 3$.

d) Genau eine Nullstelle gilt für $a = 1$.

e) $F_a(x) = \frac{1}{3}x^3 - \frac{a+1}{2}x^2 + ax$

f) $A = F_a(1) - F_a(0) = \frac{3a-1}{6}$

g) $\frac{3a-1}{6} = \frac{4}{3} \Rightarrow a = 3$

2. a) Nullstellen: $x = \frac{3}{2}a, \quad x = -\frac{1}{2}a$

$f_a{}'(x) = 2x - a, \quad f_a{}''(x) = 2$

Extrema: $f_a{}'(x) = 0: \quad x = \frac{a}{2}, \quad f_a{}'(\frac{a}{2}) = 2 > 0 \Rightarrow T(\frac{a}{2} \mid -a^2)$

b) 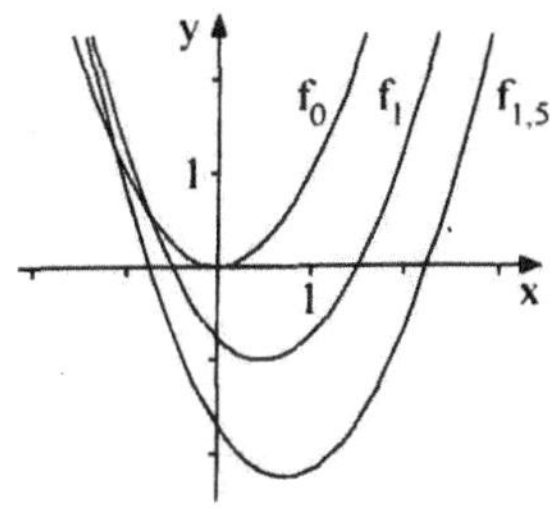

c) $\frac{a}{2} = 2$ gilt für $a = 4$.

d) Genau eine Nullstelle gilt für $a = 0$.

e) $f(\frac{3}{2}a) = 0, \quad f'(\frac{3}{2}a) = 2a, \quad t_a(x) = 2a(x - \frac{3}{2}a) = 2ax - 3a^2$

Schnitt bei $y = -3$: $-3a^2 = -3 \Rightarrow a = 1 \; (a \geq 0)$

f) $\int_0^{9/4} f_{1,5}(x)dx = [\frac{1}{3}x^3 - \frac{3}{4}x^2 - \frac{27}{16}x]_0^{9/4} = -\frac{243}{64} \approx -3{,}797$

Der Flächeninhalt beträgt ca. 3,797 FE.

3. a) Nullstellen: $x = 0$ und $x = \frac{1}{a}$ 153

$f_a{}'(x) = 2ax - 1, \quad f_a{}''(x) = 2a$

Extrema:

$f_a{}'(x) = 0: \quad x = \frac{1}{2a}, \quad f_a{}''(\frac{1}{2a}) = 2a > 0 \Rightarrow T(\frac{1}{2a} \mid -\frac{1}{4a})$

b) 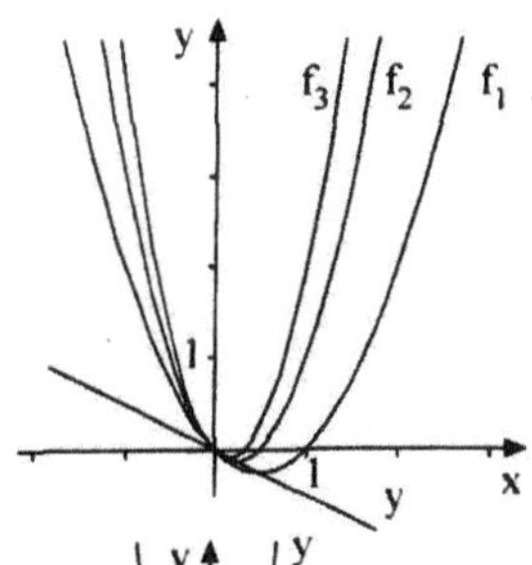

c) $y(\frac{1}{2a}) = -\frac{1}{4a} = y_T$

4. a) x-Achse: $X_1(-a|0), X_2(2a|0)$; y-Achse: $Y(0|\frac{a^2}{2})$

Extrema: $f_a{}'(x) = -\frac{1}{4}(2x - a) = 0: \quad x = \frac{a}{2}$

$f_a{}''(x) = -\frac{1}{2} < 0 \Rightarrow H(\frac{a}{2} \mid \frac{9}{16}a^2)$

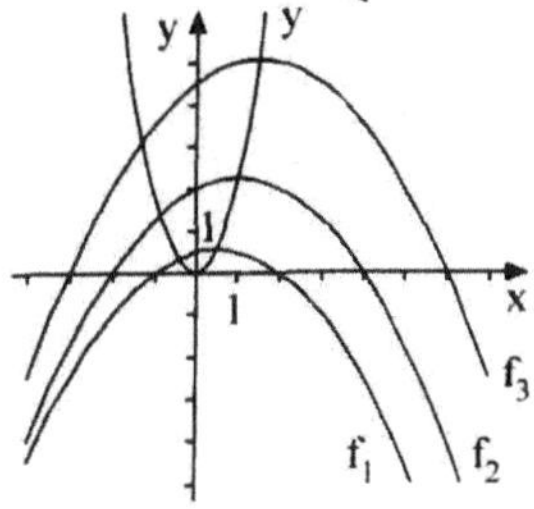

c) $y(\frac{a}{2}) = \frac{9}{4} \cdot \frac{a^2}{4} = \frac{9}{16}a^2 = y_H$

154 5. a) Nullstellen: $x=\frac{a}{2}$, $x=\frac{7}{2}a$

$f_a'(x)=\frac{1}{2}x-a$, $f_a''(x)=\frac{1}{2}$

Extrema: $f_a'(x)=0$: $x=2a$, $f_a''(2a)=\frac{1}{2}>0 \Rightarrow T(2a\,|\,-\frac{9}{16}a^2)$

b) $u=f_1$; $v=f_2$; $w=f_3$

c) Wenn die y-Achse unter $-45°$ geschnitten wird, wird die x-Achse unter $135°$ geschnitten.
$f'(0)=-a=-1$ gilt für $a=1$.

d) $\int_{0,5}^{3,5} f_1(x)dx=[\frac{1}{12}x^3-\frac{1}{2}x^2+\frac{7}{16}x]_{0,5}^{3,5}=-1{,}125$

Der Inhalt der Fläche beträgt 1,125 FE.

155 6. a) Nullstellen: $x=0$, $x=a^2$

$f_a'(x)=-\frac{2}{a}x+a$, $f_a''(x)=-\frac{2}{a}$

Extrema:

$f_a'(x)=0$: $x=\frac{a^2}{2}$, $f_a''(\frac{a^2}{2})=-\frac{2}{a}<0 \Rightarrow H(\frac{a^2}{2}\,|\,\frac{a^3}{4})$

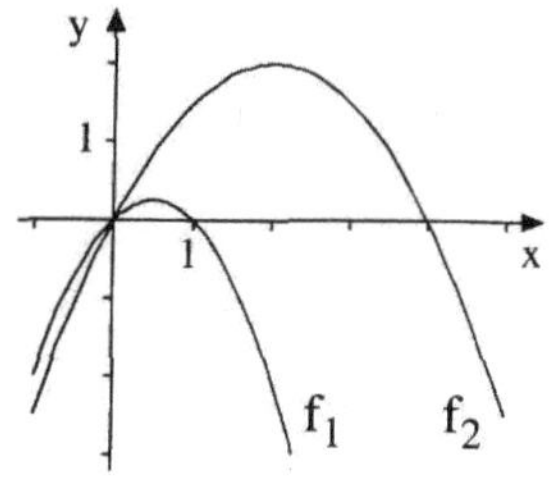

b) Nullstellen: $x=0$, $x=-a$, $x=3a$

$f_a'(x)=-x+a$, $f_a''(x)=-1$

Extrema:

$f_a'(x)=0$: $x=a$, $f_a''(a)=-1<0 \Rightarrow H(a\,|\,2a^2)$

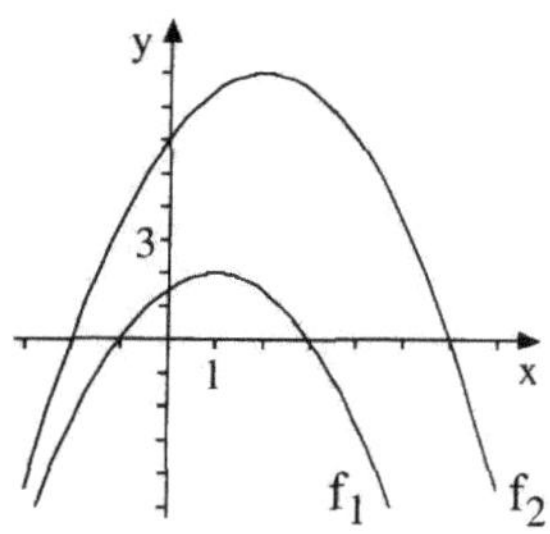

c) Nullstellen: $x=a-2$, $x=a+2$

$f_a'(x)=4x-4a$, $f_a''(x)=4$

Extrema:

$f_a'(x)=0$: $x=a$, $f_a''(a)=4>0 \Rightarrow T(a\,|\,-8)$

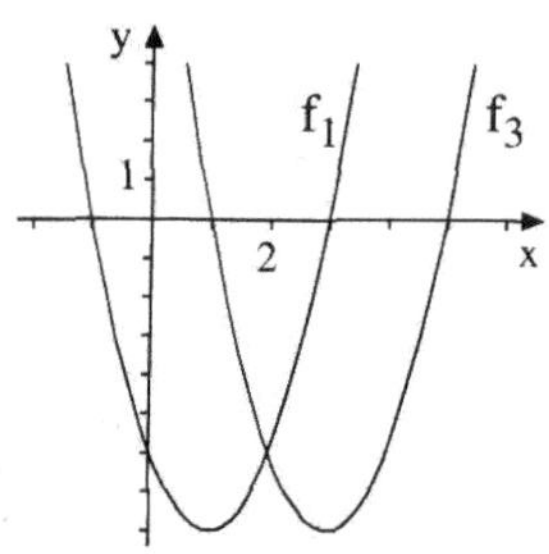

d) Nullstellen: $x=a-\sqrt{4-a}$, $x=a+\sqrt{4-a}$

$f_a'(x)=-2x+2a$, $f_a''(x)=-2$

Extrema:

$f_a'(x)=0$: $x=a$, $f_a''(a)=-2<0 \Rightarrow H(a\,|\,4-a)$

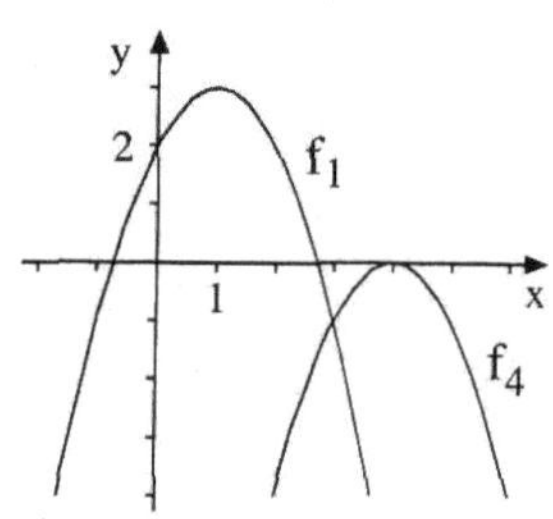

7. a) Nullstellen: $x=-\frac{2}{a}$, $x=\frac{1}{a}$ 155

b) $f_a'(x)=2ax+1$, $f_a''(x)=2a$

Extrema: $f_a'(x)=0$: $x=-\frac{1}{2a}$, $f_a''(-\frac{1}{2a})=2a>0 \Rightarrow E(-\frac{1}{2a}\,|\,-\frac{9}{4a})$

$a>0 \Rightarrow T(-\frac{1}{2a}\,|\,-\frac{9}{4a})$, $a<0 \Rightarrow H(-\frac{1}{2a}\,|\,-\frac{9}{4a})$

c)

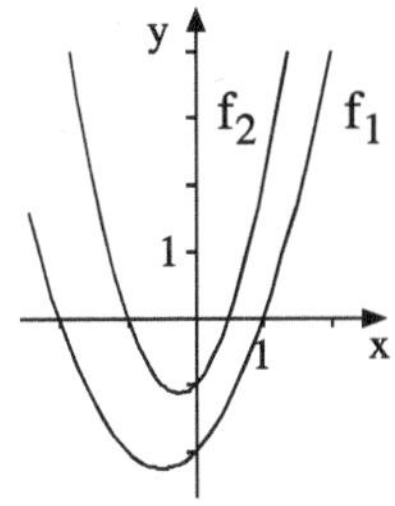

d) $|\frac{1}{a}+\frac{2}{a}|=2 \Rightarrow a=\pm 1{,}5$

e) $f_a(1)=a+1-\frac{2}{a}=0$, $a=-2$, $a=1$

f) $f_a'(0)=1 \Rightarrow \alpha=45°$, d.h. alle Graphen schneiden die x-Achse unter 45°, also die y-Achse ebenso unter 45°.

g) $f_a'(1)=2a+1=2 \Rightarrow a=\frac{1}{2}$

h) $\int\limits_{-2/a}^{1/a} f_a(x)dx=[\frac{a}{3}x^3+\frac{1}{2}x^2-\frac{2}{a}x]_{-2/a}^{1/a}=-\frac{4{,}5}{a^2}$, $\frac{4{,}5}{a^2}=4{,}5$, $a=\pm 1$

8. a) Nullstellen: $x=0$, $x=-a$

b) $f_a'(x)=2ax+a^2$, $f_a''(x)=2a$

Extrema: $f_a'(x)=-\frac{a}{2}$, $f_a''(-\frac{a}{2})=2a\begin{cases}>0 \text{ für } a>0 \Rightarrow T(-\frac{a}{2}\,|\,-\frac{a^3}{4})\\ <0 \text{ für } a<0 \Rightarrow H(-\frac{a}{2}\,|\,-\frac{a^3}{4})\end{cases}$

c)

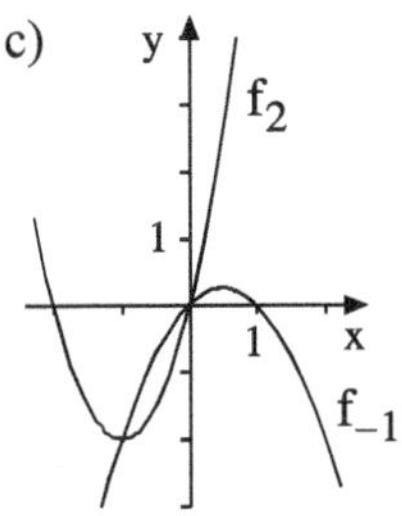

d) $4a+2a^2=0$, $a=-2$

9. a) $f_a'(x)=-2x+4a=0$ gilt für $x=2a$

d.h. $u=f_1$, $v=f_2$, $w=f_3$

b) $f_a''(x)=-2<0 \Rightarrow H(2a\,|\,2a)$

c) $g(x)=\frac{4-2}{4-2}(x-2)+2=x$

d) $f_1(x)=f_2(x)$ gilt für $x=2{,}5$

$F_a(x)=-\frac{1}{3}x^3+2ax^2+(2a-4a^2)x$, $f_a(x)=0$, $x=2a\pm\sqrt{2a}$

$A=(F_2(2{,}5)-F_2(2))+(F_1(2+\sqrt{2})-F_1(2{,}5))\approx 0{,}4583+0{,}9273=1{,}3856$

10. a) Nullstellen: $x=0$ und $x=2a$ 157

$f_a'(x)=ax-\frac{3}{4}x^2$, $f_a''(x)=a-\frac{3}{2}x$, $f_a'''(x)=-\frac{3}{2}$

$$\text{Extrema: } f_a'(x)=0: \begin{cases} x=0,\quad f_a''(0)=a\begin{cases}>0 \text{ für } a>0 \Rightarrow T(0\,|\,0)\\ <0 \text{ für } a<0 \Rightarrow H(0\,|\,0)\end{cases}\\[2ex] x=\frac{4}{3}a,\quad f_a''(\frac{4}{3}a)=-a\begin{cases}<0 \text{ für } a>0 \Rightarrow H(\frac{4}{3}a\,|\,\frac{8}{27}a^3)\\ >0 \text{ für } a<0 \Rightarrow T(\frac{4}{3}a\,|\,\frac{8}{27}a^3)\end{cases}\end{cases}$$

157 10. a) Wendepunkte:

$f_a''(x) = 0: \quad x = \frac{2}{3}a, \quad f_a'''(\frac{2}{3}a) = -\frac{3}{2} \neq 0 \Rightarrow W(\frac{2}{3}a \mid \frac{4}{27}a^3)$

b)

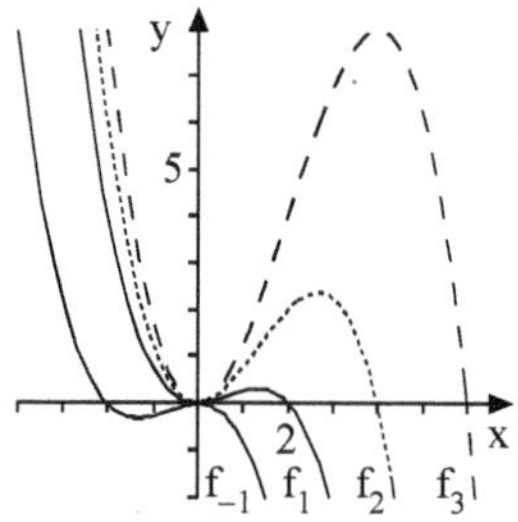

c) $A = \int_0^{2a} f_a(x)dx = [\frac{1}{6}ax^3 - \frac{1}{16}x^4]_0^{2a} = \frac{4a^4}{3} - a^4 = \frac{a^4}{3} = \frac{16}{3} \Rightarrow a = 2$

11. a) Nullstellen: $x = 0, \quad x = \pm\sqrt{a}$

b)

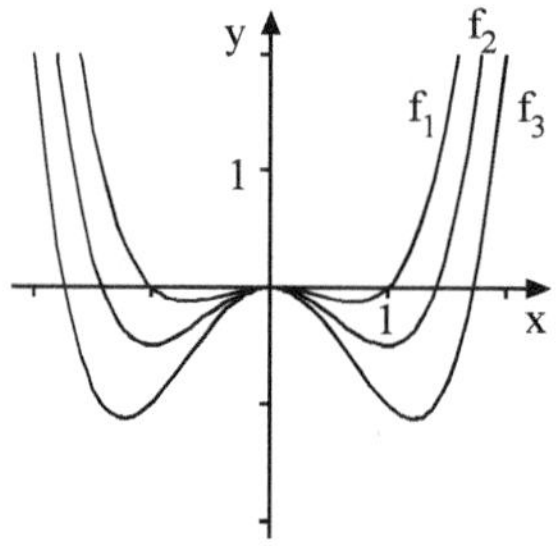

$f_a'(x) = 2x^3 - ax, \quad f_a''(x) = 6x^2 - a, \quad f_a'''(x) = 12x$

Extrema: $f_a'(x) = 0: \quad x = 0, \quad x = \pm\sqrt{\frac{a}{2}}$

$f_a''(0) = -a < 0 \Rightarrow H(0 \mid 0)$

$f_a''(\pm\sqrt{\frac{a}{2}}) = 2a > 0 \Rightarrow T(\pm\sqrt{\frac{a}{2}} \mid -\frac{a^2}{8})$

Wendepunkte: $f_a''(x) = 0: \quad x = \pm\sqrt{\frac{a}{6}}$

$f_a'''(\pm\sqrt{\frac{a}{6}}) = \pm 12 \cdot \sqrt{\frac{a}{6}} \neq 0 \Rightarrow W(\pm\sqrt{\frac{a}{6}} \mid -\frac{5}{72}a^2)$

c) $-\frac{5}{72}a^2 = -2{,}5, \quad a = 6$

159 12. a) Nullstellen: $x = 0$ und $x = 2a$; d.h. $u = f_1$, $v = f_{1,25}$, $w = f_{1,5}$

b) $f_a'(x) = x^3 - \frac{3a}{2}x^2, \quad f_a''(x) = 3x^2 - 3ax$

$f_a'(x) = 0: \quad x = 0, \quad x = \frac{3}{2}a = 2, \quad a = \frac{4}{3}, \quad f_{4/3}''(2) = 4 > 0 \Rightarrow T$

c) Normale bei $x = 2a$: $f_a'(2a) = 2a^3, \quad n_a(x) = -\frac{1}{2a^3}(x - 2a) = -\frac{1}{2a^3}x + \frac{1}{a^2}$

d) Wendetangente bei $x = a$: $f_a'(a) = -\frac{1}{2}a^3, \quad t_a(x) = -\frac{1}{2}a^3(x - a) - \frac{a^4}{4} = -\frac{1}{2}a^3x + \frac{a^4}{4}$

$t_a(0) = \frac{a^4}{4} = 4$ gilt für $a = 2$.

160 13. a) Nullstellen: $x = 0, \quad x = \frac{a}{3}$

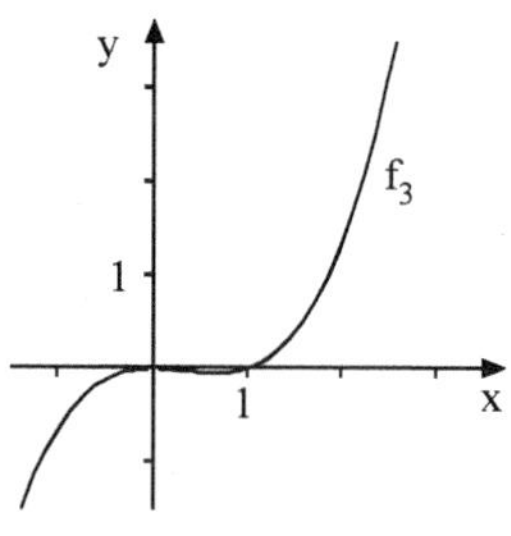

$f_a'(x) = x^2 - \frac{2a}{9}x, \quad f_a''(x) = 2x - \frac{2a}{9}, \quad f_a'''(x) = 2$

Extrema:

$f_a'(x) = 0: \quad x = 0, \quad x = \frac{2a}{9} \begin{cases} f_a''(0) = -\frac{2a}{9} < 0 \Rightarrow H(0 \mid 0) \\ f_a''(\frac{2a}{9}) = \frac{2a}{9} > 0 \Rightarrow T(\frac{2a}{9} \mid -\frac{4a^3}{3 \cdot 9^3}) \end{cases}$

Wendepunkte:

$f_a''(x) = 0: \quad x = \frac{a}{9}, \quad f_a'''(\frac{a}{9}) = 2 > 0 \Rightarrow R - L - WP \quad W(\frac{a}{9} \mid -\frac{2a^3}{3 \cdot 9^3})$

b) Nullstellen: $x=0$, $x=-a$ 160

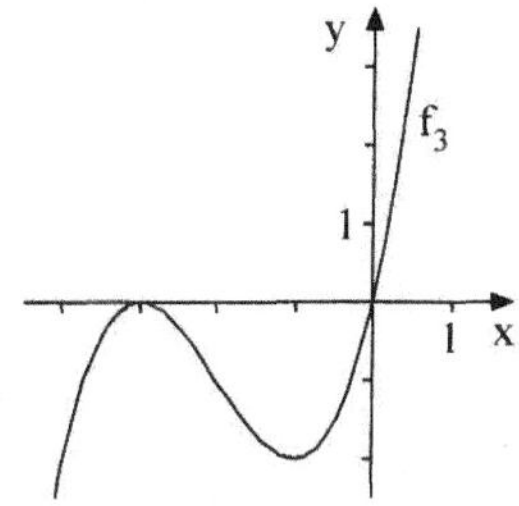

$f_a'(x)=\frac{9}{2a}x^2+6x+\frac{3a}{2}$, $f_a''(x)=\frac{9}{a}x+6$, $f_a'''(x)=\frac{9}{a}$

Extrema:

$$f_a'(x)=0:\quad x=-a,\quad x=-\tfrac{a}{3}\begin{cases}f_a''(-a)=-3<0\Rightarrow H(-a\,|\,0)\\ f_a''(-\frac{a}{3})=3>0\Rightarrow T(-\frac{a}{3}\,|\,-\frac{2}{9}a^2)\end{cases}$$

Wendepunkte:

$$f_a''(x)=0:\quad x=-\tfrac{2a}{3},\quad f_a'''(-\tfrac{2a}{3})=\tfrac{9}{a}>0\Rightarrow R-L-WP\quad W(-\tfrac{2a}{3}\,|\,-\tfrac{a^2}{9})$$

c) Nullstellen: $x=0$, $x=\pm\sqrt{a}$

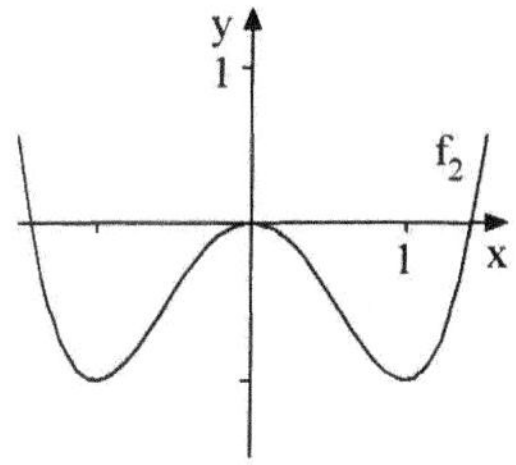

$f_a'(x)=4x^3-2ax$, $f_a''(x)=12x^2-2a$, $f_a'''(x)=24x$

Extrema: $f_a'(x)=0$: $x=0$

$$x=\pm\sqrt{\tfrac{a}{2}}\begin{cases}f_a''(0)=-2a<0\Rightarrow H(0\,|\,0)\\ f_a''(\pm\sqrt{\frac{a}{2}})=6a>0\Rightarrow T(\pm\sqrt{\frac{a}{2}}\,|\,-\frac{a^2}{4})\end{cases}$$

Wendepunkte:

$$f_a''(x)=0:\quad x=\pm\sqrt{\tfrac{a}{6}}\begin{cases}f_a'''(-\sqrt{\frac{a}{6}})=-24\sqrt{\frac{a}{6}}<0\Rightarrow L-R-WP\quad W(-\sqrt{\frac{a}{6}}\,|\,-\frac{5}{36}a^2)\\ f_a'''(\sqrt{\frac{a}{6}})=24\sqrt{\frac{a}{6}}>0\Rightarrow R-L-WP\quad W(\sqrt{\frac{a}{6}}\,|\,-\frac{5}{36}a^2)\end{cases}$$

14. a) $f_3(x)=-\frac{1}{3}x^3+2x^2-3x$

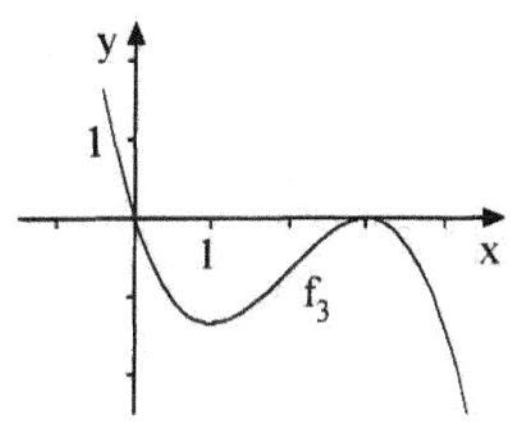

Nullstellen: $x=0$, $x=3$

$f_3'(x)=-x^2+4x-3$, $f_3''(x)=-2x+4$, $f_3'''(x)=-2$

$$\text{Extrema: } f_3'(x)=0:\quad x=1,\quad x=3\begin{cases}f_3''(1)=2>0\Rightarrow T(1\,|\,-\frac{4}{3})\\ f_3''(3)=-2<0\Rightarrow H(3\,|\,0)\end{cases}$$

Wendepunkte: $f_3''(x)=0$: $x=2$, $f_a'''(2)=-2\Rightarrow L-R-WP$ $W(2\,|\,-\frac{2}{3})$

b) $f_a'(x)=-\frac{3}{a}x^2+4x-a=-a$, $x=0$, $x=\frac{4}{3}a$

c) $f_a''(x)=-\frac{6}{a}x+4=0$: $x=\frac{2}{3}a$, $W(\frac{2}{3}a\,|\,-\frac{2}{27}a^2)$

Wendetangente: $t_a(x)=\frac{a}{3}(x-\frac{2}{3}a)-\frac{2}{27}a^2=\frac{a}{3}x-\frac{8}{27}a^2$

Wendenormale: $n_a(x)=-\frac{3}{a}(x-\frac{2}{3}a)-\frac{2}{27}a^2=-\frac{3}{a}x+2-\frac{2}{27}a^2$

d) y-Abschnitte: $y_T=-\frac{8}{3}$, $y_N=2-\frac{2}{3}=\frac{4}{3}$

Inhalt des Dreiecks: $A=\frac{1}{2}(\frac{8}{3}+\frac{4}{3})\cdot 2=4$

e) $F_a(x)=-\frac{1}{4a}x^4+\frac{2}{3}x^3-\frac{a}{2}x^2$, $F_3(3)=-2{,}25$, $F_3(0)=0$, $A=2{,}25$

160 15. a) $f_{0,5}(x)=\frac{1}{2}x^4-\frac{1}{2}x^3$

x	-1	0	1	2
y	1	0	0	4

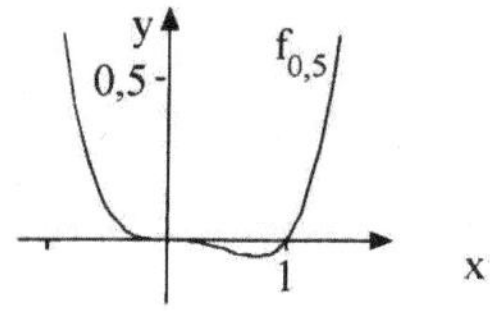

b) $f_a'(x)=\frac{1}{a}x^3-\frac{3}{2}x^2$, $f_a''(x)=\frac{3}{a}x^2-3x$

$f_a'(x)=0$: $x=0$, $x=\frac{3}{2}a=9$, $a=6$

c) $f_a'(0)=0$, $f_a''(0)=0$, $f_a'''(0)=-3\neq 0 \Rightarrow S(0|0)$

d) $f_a''(x)=0$: $x=0$, $x=a$, $W(a|-\frac{1}{4}a^3)$, $-\frac{1}{4}a^3=-a$, $a=2$, $a=0$

e) Druckfehler im Lehrbuch: die Tiefpunkte der Schar

$T(\frac{3}{2}a|-\frac{27}{64}a^3)$, $y(\frac{3}{2}a)=-\frac{1}{8}\cdot\frac{27}{8}a^3=-\frac{27}{64}a^3$

16. a) f_a hat die Nullstellen $x=0$ und $x=a$, also ist $v=f_2$.

b) $f_a'(x)=3x^2-2ax$, $f_a''(x)=6x-2a$

$f_a'(x)=0$: $x=0$, $x=\frac{2}{3}a=1$, $a=\frac{3}{2}$, $f_a''(\frac{2}{3}a)=2a>0$

c) $T(\frac{2}{3}a|-\frac{4}{27}a^3)$, $y(\frac{2}{3}a)=-\frac{1}{2}\cdot\frac{8}{27}a^3=-\frac{4}{27}a^3$

d) $f_a''(x)=0$: $x=\frac{a}{3}$, $f_a'''(\frac{a}{3})=6\neq 0 \Rightarrow W(\frac{a}{3}|-\frac{2}{27}a^3)$, $-\frac{2}{27}a^3=-2$, $a=3$

e) Wendetangente:

$t_a(x)=-\frac{a^2}{3}(x-\frac{a}{3})-\frac{2}{27}a^3=-\frac{a^2}{3}x+\frac{a^3}{27}$, $-\frac{a^2}{3}=-12$, $a=6$, $\frac{a^3}{27}=8$, $a=6$

f) $A_1=\int_0^2(f_2(x)-f_3(x))dx=[\frac{1}{3}x^3]_0^2=\frac{8}{3}$

$A_2=\int_2^3(0-f_3(x))dx=[x^3-\frac{1}{4}x^4]_2^3=2{,}75$

$A=A_1+A_2=\frac{65}{12}\approx 5{,}417$

2. Exkurs: Nicht-ganzrationale Funktionenscharen

1. a) $f_a'(x) = 2 \cdot \frac{1}{2\sqrt{x-a}} - 1 = \frac{1}{\sqrt{x-a}} - 1$ 161

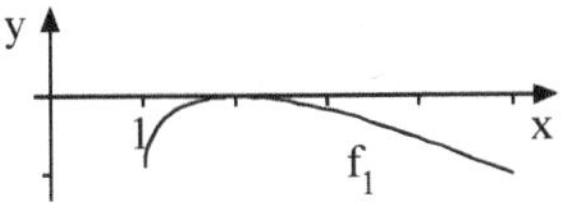

b) $f_a'(x) = \frac{1}{\sqrt{x-a}} - 1 = 0$

$\sqrt{x-a} = 1, \quad x = 1 + a, \quad H(1+a \mid 1-a)$

H liegt für $1-a = 0$, also für $a = 1$, auf der x-Achse.

3. Anwendungen und weitere Übungen

1. a) Nullstellen: $x = 0$ und $x = a+1$ 162

Extrema: $f_a'(x) = 2x - a - 1$, $f_a''(x) = 2$

$x = \frac{a+1}{2}, \quad f_a''(\frac{a+1}{2}) = 2 > 0 \Rightarrow T(\frac{a+1}{2} \mid -\frac{(a+1)^2}{4})$

b)

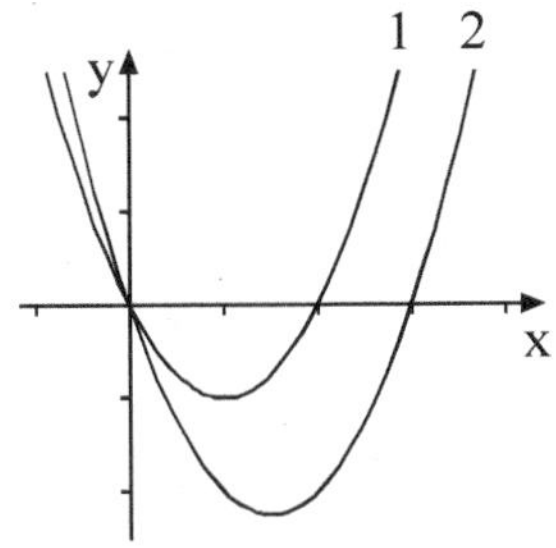

c) $\frac{a+1}{2} = 2$ gilt für $a = 3$.

d) Für $a = -1$ extistiert genau eine Nullstelle.

e) $x = \frac{a+1}{2}, \quad a = 2x - 1, \quad y = -\frac{(a+1)^2}{4} = -\frac{(2x)^2}{4} = -x^2$

f) Der grüne Graph zeigt f_{-2}, der rote zeigt f_3.

2. a) **Druckfehler** im Lehrbuch 2d: $y = \frac{2}{3}x$

Symmetrie: Punktsymmetrie zum Ursprung

Nullstellen: $x = 0$ und $x = \frac{1}{a}, \quad x = -\frac{1}{a}$

Extrema: $f_a'(x) = 1 - 3a^2x^2$, $f_a''(x) = -6a^2x$

$H(\frac{1}{3a}\sqrt{3} \mid \frac{2}{9a}\sqrt{3}), \quad T(-\frac{1}{3a}\sqrt{3} \mid -\frac{2}{9a}\sqrt{3})$

Wendepunkte: $f_a'''(x) = -6a^2$

$f_a''(x) = 0 : x = 0, \quad f_a'''(0) \neq 0 \Rightarrow W(0 \mid 0)$

b)

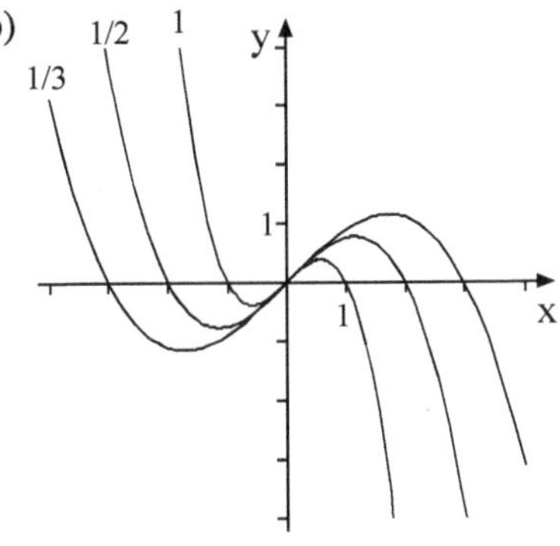

c) Alle Graphen gehen durch P(0|0).

d) $\frac{2}{3}x = \frac{2}{3} \cdot \frac{1}{3a}\sqrt{3} = \frac{2}{9a}\sqrt{3} = y$

3. a) $f_a'(x) = 3x^2 - 3a^2$, $f_a''(x) = 6x$, $f_a'''(x) = 6$

Extrema: $x = -a, \quad f_a''(-a) = -6a < 0 \Rightarrow H(-a \mid 4a^3)$

$x = a, \quad f_a''(a) = 6a > 0 \Rightarrow T(a \mid 0)$

Wendepunkte: $W(0 \mid 2a^3)$

b) $f_a(-2a) = -8a^3 + 6a^3 + 2a^3 = 0$

c)

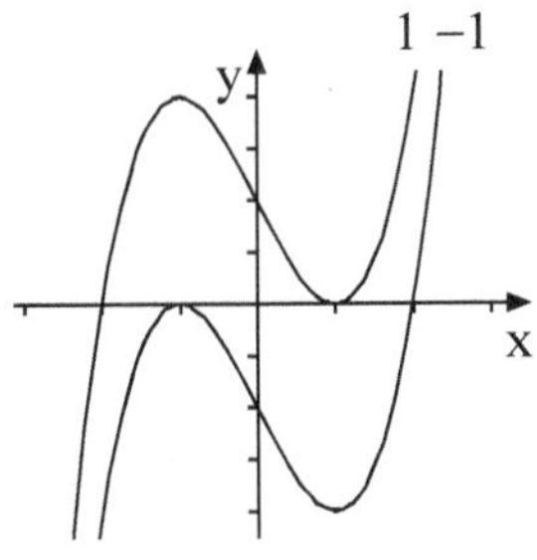

d) Es gelten $f_a(a) = 0$ und $f_a'(a) = 0$.
Somit berührt f_a in B(a|0) die x-Achse.

e) $f_a(x) = x^3 - 3a^2x + 2a^3$

$f_{-a}(-x) = -x^3 + 3a^2x - 2a^3 = -f_a(x)$

162 4. a) $x^2 - 2ax + a = 0, \quad x = a \pm \sqrt{a^2 - a}$

zwei Lösungen, wenn $a^2 - a > 0$, d.h. $a > 1$ oder $a < 0$
eine Lösung, wenn $a^2 - a = 0$, d.h. $a = 1$
keine Lösung, wenn wenn $a^2 - a < 0$, d.h. $a < 1$

b) $f_a'(x) = 1 - \frac{a}{x^2}, \quad f_a''(x) = \frac{2a}{x^3}, \quad x = \pm\sqrt{a}$

$f_a''(-\sqrt{a}) = -\frac{2}{\sqrt{a}} < 0 \Rightarrow H(-\sqrt{a} \mid -2\sqrt{a} - 2a)$

$f_a''(\sqrt{a}) = \frac{2}{\sqrt{a}} > 0 \Rightarrow T(\sqrt{a} \mid 2\sqrt{a} - 2a)$

c)

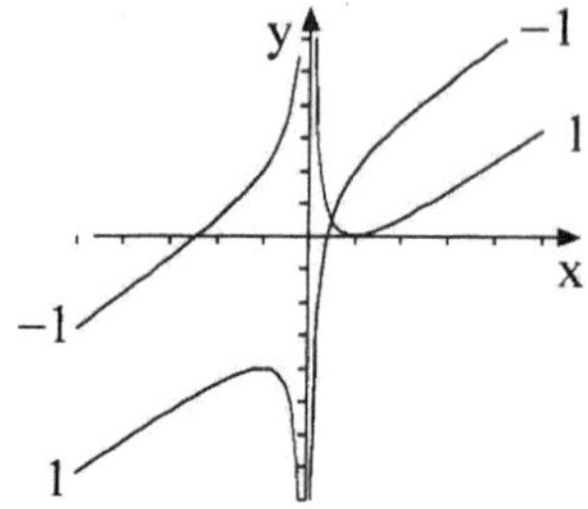

d) $f_a''(x)$ hat keine Nullstellen, da $a > 0$.

f) $f_2(x) = 0$ für $x = 2 \pm \sqrt{2}$

$f_2'(2 + \sqrt{2}) \approx 0{,}83, \quad \alpha \approx 39{,}6°$

$f_2'(2 - \sqrt{2}) \approx -4{,}75, \quad \alpha \approx 78{,}3°$

e)

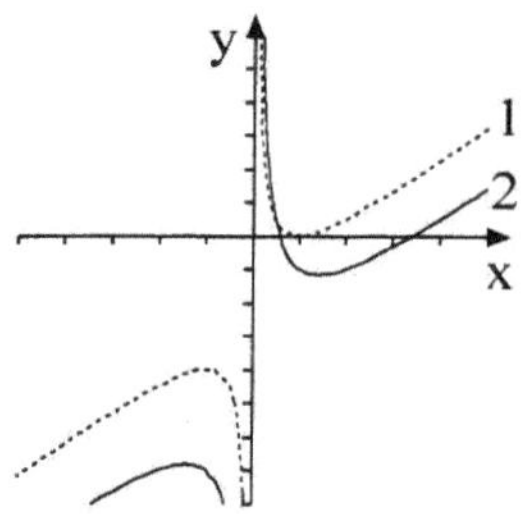

5. a) $y_v'(x) = \frac{1}{2} - \frac{10}{v^2}x = 0, \quad x = \frac{v^2}{20}$

$y_v(\frac{v^2}{20}) = \frac{v^2}{80} = 5, \quad v = 20\frac{m}{s}$

b) Sprungweite: $2 \cdot \frac{v^2}{20} = \frac{v^2}{10} = 40m$

c) Linke obere Dachkante des 1. Autos: P(5|2); $f(5) = 2{,}5 - \frac{5}{400} \cdot 25 = 2{,}1875 > 2$. Er kann.

d) $f'(0) = 0{,}5$, $\alpha \approx 26{,}57°$

163 6. a) $f_a(1) = -\frac{1}{a}(1 - a - 2 + a + 1) = 0$

b) $f_8(x) = -\frac{1}{8}(x^2 - 10x + 9) = 0, \quad x = 9, \quad x = 1$, Landung bei x = 9: H(5|2)

maximale Höhe: h = 2m

Abschlagwinkel: $f_8'(x) = -\frac{1}{8}(2x - 10), \quad f_8'(1) = -\frac{1}{8}(-8) = 1, \quad \alpha = 45°$

c) $f_a'(x) = -\frac{1}{a}(2x - a - 2) = 0, \quad x = \frac{a+2}{2}, \quad f_a(\frac{a+2}{2}) = \frac{a}{4} \Rightarrow H(\frac{a+2}{2} \mid \frac{a}{4})$

d) $f_a'(1) = 1, \quad \alpha = 45°$

e) $f_a(x) = 0, \quad x = \frac{a+2}{2} \pm \sqrt{\frac{a^2+4a+4}{4} - a - 1}, \quad x = a + 1, \quad x = 1$

f) Ende des Sandbunkers: x = 21 , a = 20

7. a) $f_2'(t) = -0{,}06t^2 + 1{,}2t = 0$, $t = 0$, $t = 20$ 163

$f_2''(t) = -0{,}12t + 1{,}2$, $f_2''(20) = -1{,}2 < 0$, $H(20 \mid 130)$

Trendwende im Wendepunkt: $f_2''(t) = 0$ gilt für $t = 10$

Geschwindigkeit des Anstiegs: $f_2'(10) = 6$ \$/Monat

b) Es gilt ca. $H(20|210)$, also $f_a(20) = 40a + 50 = 210$, $a = 4$

c) $f_{-1}(t) = 0{,}01t^3 - 0{,}3t^2 + 50 = 25$, $t^3 - 30t^2 + 2500 = 0$

Wir lösen die Gleichung mithilfe eines Rechners angenähert.

Resultat: nach ca. 11,68 Monaten

8. a) $f_{15}(x) = 0$: $x^3 - 15x^2 = 0$, $x = 0$, $x = 15$

Wellenlänge 15m

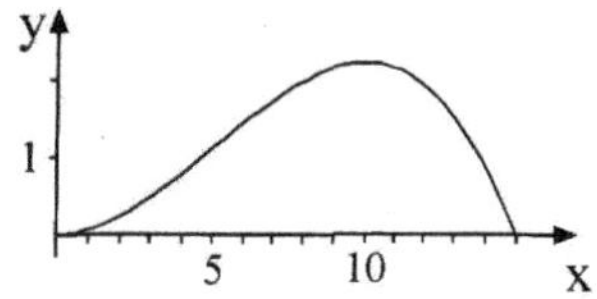

$f_{15}'(x) = -\frac{3}{225}x^2 + \frac{2}{15}x = 0$, $x = 0$ (Min), $x = 10$ (Max)

$f_{15}(10) = -\frac{1000}{225} + \frac{100}{15} \approx 2{,}22\text{m}$

Wellenhöhe ca. 2,22m

b) $a = 5$, $a = 10$ und $a = 20$

c) Im Wendepunkt: $f_{15}''(x) = -\frac{6}{225}x + \frac{2}{15} = 0$, $x = 5$, bei $x = 5$

d) $f_a'(x) = -\frac{3}{a^2}x^2 + \frac{2}{a}x = 0$, $x = 0$ (Min), $x = \frac{2a}{3}$ (Max)

$f_a(\frac{2a}{3}) = -\frac{8a}{27} + \frac{4a}{9} = \frac{4a}{27} = 4$, $a = 27$

9. a) $f_{-0,25}(x) = -0{,}5x^3 + 3x$ 164

Nullstellen: $x = 0$ und $x = \pm\sqrt{6}$

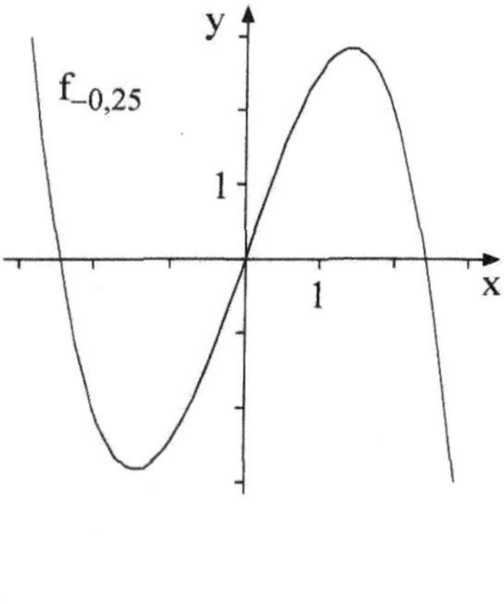

$f'_{-0,25}(x) = -1{,}5x^2 + 3$, $f''_{-0,25}(x) = -3x$, $f'''_{-0,25}(x) = -3$

Extrema: $f'_{-0,25}(x) = 0$ für $x = \pm\sqrt{2}$

$f'_{-0,25}(-\sqrt{2}) > 0 \Rightarrow T(-\sqrt{2} \mid -2\sqrt{2}) \approx (-1{,}41 \mid -2{,}83)$

$f'_{-0,25}(\sqrt{2}) < 0 \Rightarrow H(\sqrt{2} \mid 2\sqrt{2}) \approx (1{,}41 \mid 2{,}83)$

Wendepunkte: $f''_{-0,25}(x) = 0$ für $x = 0$

$f'''_{-0,25}(0) < 0 \Rightarrow$ LRWP $W(0|0)$

b) $H(\sqrt{2} \mid 2\sqrt{2})$

$f_a(\sqrt{2}) = 4a\sqrt{2} + 2\sqrt{2} - 4a\sqrt{2} = 2\sqrt{2}$

c) $f_a'(x) = 6ax^2 + 2 - 4a$, $f_a'(\sqrt{2}) = 8a + 2 = 6$ gilt für $a = 0{,}5$

d) $f_a'(x)$ hat keine Nullstellen für $\frac{4a-2}{6a} < 0$. Dies ist der Fall für $0 < a < 0{,}5$.

Für $a = 0{,}5$ hat f_a' die Nullstelle $x = 0$. Hier liegt ein Sattelpunkt vor.

Für $a = 0$ ist f_a eine lineare Funktion ohne lokale Extrema.

e) Die Wendenormale hat die Steigung $m = -\frac{1}{f_a'(0)} = \frac{1}{4a-2} = \frac{1}{2}$, dies gilt für $a = 1$.

164 10. a) Nullstellen: $(\frac{1}{12a}x^2 - x + 3a)x = 0$, $x^2 - 12ax + 36a^2 = 0$

gilt für x = 0 und x = 6a (doppelte)

$f_a'(x) = \frac{1}{4a}x^2 - 2x + 3a$, $f_a''(x) = \frac{1}{2a}x - 2$, $f_a'''(x) = \frac{1}{2a}$

$f_a'(x) = 0$ gilt für x = 2a und x = 6a

$f_a''(2a) = -1 < 0$, $H(2a|\frac{8}{3}a^2)$, $f_a''(6a) = 1 > 0$, $T(6a|0)$

b) Für den Inhalt des Dreiecks gilt:

$A(z) = \frac{1}{2}z \cdot f(z) = \frac{1}{2}(\frac{1}{12}z^4 - z^3 + 3z^2)$, $A'(z) = \frac{1}{2}(\frac{1}{3}z^3 - 3z^2 + 6z)$

$A'(z) = 0$: $\frac{1}{3}z(z^2 - 9z + 18) = 0$ gilt für $z = 0, z = 3$ und $z = 6$

$A''(z) = 0{,}5(z^2 - 6z + 6)$, $A''(3) = -3 < 0$ also Maximum bei $z = 3$; $y = f_1(3) = 2{,}25$

c) Ansatz: $t(x) = f'(4a)(x-4a) + f(4a) = -ax + \frac{16}{3}a^2$

Achsenschnittpunkte: $y = \frac{16}{3}a^2$, $x = \frac{16}{3}a$

Inhalt des Dreiecks: $A = \frac{x \cdot y}{2} = \frac{128}{9}a^3 = 384$ gilt für a = 3

11. a) $f_a'(x) = 3x^2 + (6-6a)x - 12a$, $f_a''(x) = 6x + 6 - 6a$

$f_a'(x) = 0$ für $x = -2$ und $x = 2a$

$f_a''(-2) = -6 - 6a < 0$ also Hochpunkt mit $f_a(-2) = -8 + 12 + 12a = 4 + 12a$

b) $f_a''(x) = 0$ für $x = a-1$, $f_a'''(x) = 6 \neq 0$ also Wendepunkt

mit $f_a(a-1) = -2(a-1)^3 - 12a^2 + 12a = -2a^3 - 6a^2 + 6a + 2$

c) a = 1: W(0|0), $f_1'(0) = -12$, $t(x) = -12x$

d) $f_a'(a-1) = -3a^2 - 6a - 3 = 0$: $a^2 + 2a + 1 = 0$ gilt für $a = -1$

Also Sattelpunkt S(−2|−8)

165 12. a) P(4|7,5): $7{,}5 = a - \frac{b}{16}$

Q(1|0): $0 = a - b$, $a = b$, $120 = 15a$, $a = 8$: $f(x) = 8 - \frac{8}{x^2}$

b) $f'(x) = \frac{16}{x^3} = 1$ gilt für $x = \sqrt[3]{16} \approx 2{,}52$, $y \approx 6{,}74$

c) $f(2) = 6$, $f'(2) = 2$, rechte Mantellinie: $t_1(x) = 2x + 2$, linke: $t_2(x) = -2x + 2$

Kegelvolumen: $V = \frac{1}{3}4\pi \cdot 4 = \frac{16}{3}\pi \approx 16{,}76\ m^3$

d) $f'(4) = 0{,}25$ beträgt die Steilheit am oberen Rand.

maximale Steilheit: $f'(1) = 16$

13. a) $18 = 6a$, $a = 3$

b) $f'(x) = \frac{3}{2\sqrt{x}}$, $f'(36) = 0{,}25$ Steilheit am oberen Rand

$f'(x) = \frac{3}{10}$ gilt für x = 25

c) (1) $f(x) = 9$ gilt für $x = 9$, $f'(9) = 0{,}5$ beträgt die Steigung der Rampe

(2) $t(x) = 0{,}5x + 4{,}5$

(3) $l = \sqrt{18^2 + 9^2} = \sqrt{405} \approx 20{,}12$ m

Test

1. a) $f_a(2a)=\frac{1}{4}(4a^2-(2a+4)\cdot 2a+8a)=0$, $f_a(4)=\frac{1}{4}(16-(2a+4)\cdot 4+8a)=0$ 166

b) $f_a'(x)=\frac{1}{2}x-\frac{1}{2}a-1$, $f_a''(x)=\frac{1}{2}$

$f_a'(x)=0$: $x=2+a$, $f_a''(2+a)>0 \Rightarrow T(2+a \mid -\frac{1}{4}a^2)$

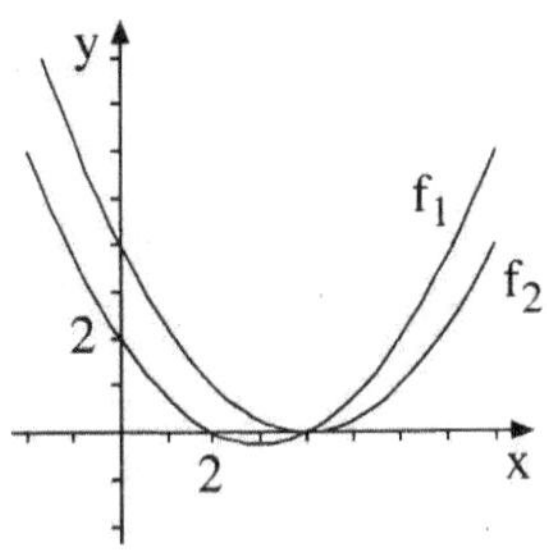

c) $f_a(x)=f_b(x) \Rightarrow x=4$, $y=0$, $P(4 \mid 0)$, $f_a(4)=0$

d) $f_1(x)=\frac{1}{4}(x^2-6x+8)$

$f_2(x)=\frac{1}{4}(x^2-8x+16)$

e) $A=\int_0^4 f_2(x)dx-\int_0^4 f_1(x)dx=[\frac{1}{4}(\frac{1}{3}x^3-4x^2+16x)]_0^4-[\frac{1}{4}(\frac{1}{3}x^3-3x^2+8x)]_0^4=\frac{11}{3}$

2. a) Nullstellen: $x = 0$ und $x = \pm a$

$f_a'(x)=3x^2-a^2$, $f_a''(x)=6x$, $f_a'''(x)=6$

Extrema:

$f_a'(x)=0$: $x=\pm\frac{a}{\sqrt{3}}$

$f_a''(\frac{a}{\sqrt{3}})>0 \Rightarrow T(\frac{a}{\sqrt{3}} \mid -\frac{2a^3}{3\sqrt{3}})$, $f_a''(-\frac{a}{\sqrt{3}})<0 \Rightarrow H(-\frac{a}{\sqrt{3}} \mid \frac{2a^3}{3\sqrt{3}})$

Wendepunkt: $f_a''(x)=0$: $x=0$, $f_a'''(0)=6>0 \Rightarrow R-L-W(0 \mid 0)$

b)

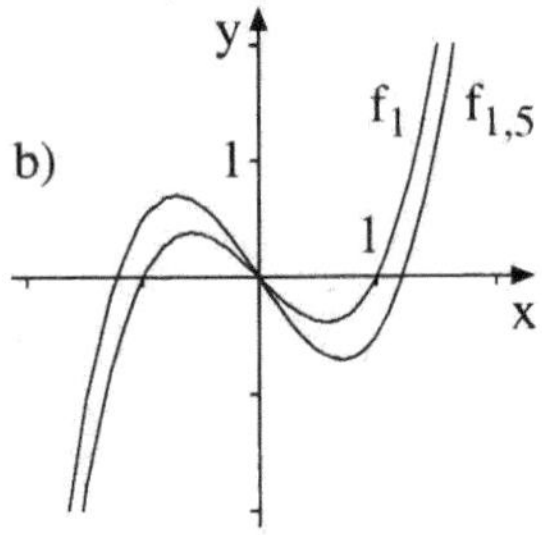

c) $t_a(x)=-a^2(x-0)+0=-a^2x$

d) $t_a(1)=-4$: $-a^2=-4 \Rightarrow a=2\ (a>0)$

e) $F_a(x)=\frac{1}{4}x^4-\frac{a^2}{2}x^2$

f) $A=F_a(0)-F_a(-1)=\frac{a^2}{2}-\frac{1}{4}=4{,}25 \Rightarrow a=3$

3. a) $f_a(x)$ hat $x = 10$ als Nullstelle, das gilt für $a = 10$.

b) $f_a'(x)=-\frac{20}{a^2}x+1=0$: $a=20$

c) $f_a'(0) = 1$ gilt für alle a.

d) $f_a(8)=1{,}6$: $-\frac{640}{a^2}+8=1{,}6 \Rightarrow x=10$

4. a) $x=0$ und $x=\frac{2}{a}$, $f_a'(x)=3ax^2-4x$, $f_a''(x)=6ax-4$, $f_a'''(x)=6a$

Extrema: $f_a'(x)=0$: $x_1=0$, $x_2=\frac{4}{3a}$, $a\neq 0$, $f_a''(0)<0 \Rightarrow H(0 \mid 0)$

$f_a''(\frac{4}{3a})>0 \Rightarrow T(\frac{4}{3a} \mid -\frac{32}{27a^2})$

Wendepunkt: $f_a''(x)=0$: $x=\frac{2}{3a}$, $a\neq 0$

$a>0$: $f_a'''(\frac{2}{3a})>0 \Rightarrow R-L-W(\frac{2}{3a} \mid -\frac{16}{27a^2})$, $a<0$: $L-R-WP$

b) u: $\frac{2}{a}=3 \Rightarrow a=\frac{2}{3}$, v: $\frac{2}{a}=1{,}5 \Rightarrow a=\frac{4}{3}$, w: $\frac{2}{a}=-4 \Rightarrow a=-\frac{1}{2}$

c) $F_a(x)=\frac{a}{4}x^4-\frac{2}{3}x^3$

d) $F_a(\frac{2}{a})-F_a(0)=\frac{a}{4}x^4-\frac{2}{3}x^3=-\frac{4}{3a^3}=-\frac{4}{3} \Rightarrow a^3=1 \Rightarrow a=1$

V. Approximation

1. Interpolationsverfahren

169 1. a) $f(x)=2x^2+x-2$ b) $f(x)=\frac{4}{3}x^3+\frac{2}{3}x^2-\frac{10}{3}x+\frac{1}{3}$

2. $f(x)=-\frac{1}{5}x^2+\frac{8}{5}x+\frac{2}{5}$, $f'(x)=-\frac{2}{5}x+\frac{8}{5}=0$, $x=4$, $f(4)=3{,}6$
Der Maximalpegel betrug 3,6m.

3. $f(x)=\frac{1}{8}x^3-x+2$

171 4. Ansatz: $f(x)=a_0+a_1(x-0)+a_2(x-0)\cdot(x-1)$
$f(x)=x^2-2x+3$

5. Ansatz: $f(x)=x^2-2x+3+a_3(x-0)\cdot(x-1)\cdot(x-2)$
$f(3)=0 \Rightarrow a_3=-1$
$f(x)=-x^3+4x^2-4x+3$

172 6. Tabelle I:
a) $g(t)=-16x+80$, $g(3)=32$

b) Ansatz: $f(x)=a_0+a_1(x-1)+a_2(x-1)\cdot(x-2)$
$f(1)=36 \Rightarrow a_0=36$, $f(2)=48 \Rightarrow a_1=12$, $f(5)=0 \Rightarrow a_2=-7$
$f(x)=-7x^2+33x+10$
$f(3)=46$

Tabelle II:
a) $g(t)=-16x+80$, $g(4)=16$

b) Ansatz: $f(x)=-7x^2+33x+10+a_3(x-1)\cdot(x-2)\cdot(x-5)$
$f(6)=16 \Rightarrow -44+20a_3=16$, $a_3=3$
$f(x)=3x^3-31x^2+84x-20$
$f(4)=12$

c)

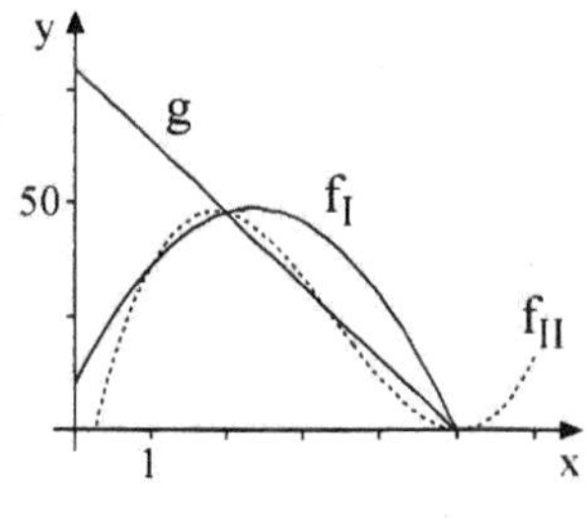

7\. a) Ansatz: $f(x) = ax^2 + bx + c$ 173

Stützpunkte:

I	$f(1) = -3$	I	$a + b + c = -3$
II	$f(2) = -5$	II	$4a + 2b + c = -5$
III	$f(5) = 1$	III	$25a + 5b + c = 1$

Lösung des LGS: $a = 1$, $b = -5$, $c = 1$

Resultat: $f(x) = x^2 - 5x + 1$

b) Ansatz: $f(x) = ax^3 + bx^2 + cx + d$

Stützpunkte:

I	$f(-2) = -4$	I	$-8a + 4b - 2c + d = -4$
II	$f(-1) = 2$	II	$-a + 2b - c + d = 2$
III	$f(0) = 2$	III	$d = 2$
IV	$f(2) = 8$	IV	$8a + 4b + 2c + d = 8$

Lösung des LGS: $a = 1$, $b = 0$, $c = -1$, $d = 2$

Resultat: $f(x) = x^3 - x + 2$

c) Ansatz: $f(x) = ax^3 + bx^2 + cx + d$

Stützpunkte:

I	$f(-2) = -10$	I	$-8a + 4b - 2c + d = -10$
II	$f(0) = 0$	II	$d = 0$
III	$f(2) = 2$	III	$8a + 4b + 2c + d = 2$
IV	$f(4) = 20$	IV	$64a + 16b + 4c + d = 8$

Lösung des LGS: $a = 0{,}5$, $b = -1$, $c = 1$, $d = 0$

Resultat: $f(x) = 0{,}5x^3 - x^2 + x$

8\. a) Ansatz nach Newton: $f(x) = a + b(x-1) + c(x-1)(x-2)$

LGS:

I	$f(1) = 1$	I	$a = 1$
II	$f(2) = 2$	II	$a + b = 2$
III	$f(5) = 11$	III	$a + 4b + 12c = 11$

Lösung: $a = 1, b = 1, c = 0{,}5$

Resultat: $f(x) = 1 + (x-1) + 0{,}5(x-1)(x-2) = 0{,}5x^2 - 0{,}5x + 1$

b) Ansatz nach Newton: $f(x) = a + b(x+2) + c(x+2)(x-0) + d(x+2)(x-0)(x-2)$

LGS:

I	$f(-2) = -6$	I	$a = -6$
II	$f(0) = -2$	II	$a + 2b = -2$
III	$f(2) = 2$	III	$a + 4b + 8c = 2$
IV	$f(4) = 30$	IV	$a + 6b + 24c + 48d = 30$

Lösung: $a = -6, b = 2, c = 0, d = 0{,}5$

Resultat: $f(x) = -6 + 2(x+2) + 0{,}5(x+2)x(x-2) = 0{,}5x^3 - 2$

c) Ansatz nach Newton: $f(x) = a + b(x+1) + c(x+1)x + d(x+1)x(x-2)$

LGS:

I	$f(-1) = \frac{9}{4}$	I	$a = \frac{9}{4}$
II	$f(0) = 2$	II	$a + b = 2$
III	$f(2) = 3$	III	$a + 3b + 6c = 3$
IV	$f(4) = 16$	IV	$a + 5b + 20c + 40d = 16$

Lösung: $a = \frac{9}{4}$, $b = -\frac{1}{4}$, $c = \frac{1}{4}$, $d = \frac{1}{4}$

Resultat: $f(x) = \frac{9}{4} - \frac{1}{4}(x+1) + \frac{1}{4}(x+1)x + \frac{1}{4}(x+1)x(x-2) = \frac{1}{4}x^3 - \frac{1}{2}x + 2$

9\. a) Ansatz: $f(x) = a + b(x-1) + c(x-1)(x-3)$

LGS:

I	$f(1) = 1$	I	$a = 1$	
II	$f(3) = 4$	II	$a + 2b = 4$	$\Rightarrow b = 1{,}5$
III	$f(5) = 9$	III	$a + 4b + 8c = 9$	$\Rightarrow c = 0{,}25$

Resultat: $f(x) = 1 + 1{,}5(x-1) + 0{,}25(x-1)(x-3) = 0{,}25x^2 + 0{,}5x + 0{,}25$

173 b) Ansatz: $f(x) = a + b(x-1) + c(x-1)(x-3) + d(x-1)(x-3)(x-5)$

LGS:

I	$f(1) = 1$	I $a = 1$	
II	$f(3) = 4$	II $a + 2b = 4$	$\Rightarrow b = 1{,}5$
III	$f(5) = 9$	III $a + 4b + 8c = 9$	$\Rightarrow c = 0{,}25$
IV	$f(6) = 16$	IV $a + 5b + 15c + 15d = 16$	$\Rightarrow d = 0{,}25$

Resultat: $f(x) = 0{,}25x^2 + 0{,}5x + 0{,}25 + 0{,}25(x-1)(x-3)(x-5)$
$= 0{,}25x^3 - 2x^2 + 6{,}25x - 3{,}5$

10. a) Ansatz: $f(x) = a + bx + cx(x-1)$

LGS:
I $f(0) = 0$ $\Rightarrow a = 0$
II $f(1) = 0$ $\Rightarrow a+b = 0 \Rightarrow b = 0$
III $f(2) = 8$ $\Rightarrow a+2b+2c = 8 \Rightarrow c = 4$

Resultat: $f(x) = 4x(x-1) = 4x^2 - 4x$

b) Ansatz: $f(x) = a + bx + cx(x-1) + dx(x-1)(x-2)$

LGS:
I $f(0) = 0$ $\Rightarrow a = 0$
II $f(1) = 0$ $\Rightarrow b = 0$
III $f(2) = 8$ $\Rightarrow c = 4$
IV $f(3) = 30$ $\Rightarrow a+3b+6c+6d = 30 \Rightarrow d = 1$

Resultat: $f(x) = 4x(x-1) + x(x-1)(x-2) = x^3 + x^2 - 2x$

c) Ansatz: $f(x) = a + bx + cx(x-1)$

LGS:
I $f(0) = 2$ $\Rightarrow a = 2$
II $f(1) = 0$ $\Rightarrow a+b = 0 \Rightarrow b = -2$
III $f(2) = 0$ $\Rightarrow a+2b+2c = 0 \Rightarrow c = 1$

Resultat: $f(x) = 2 - 2x + x(x-1) = x^2 - 3x + 2$

Ansatz: $f(x) = a + bx + cx(x-1) + dx(x-1)(x-2)$

LGS:
I $f(0) = 2$ $\Rightarrow a = 2$
II $f(1) = 0$ $\Rightarrow b = -2$
III $f(2) = 0$ $\Rightarrow c = 1$
IV $f(4) = 6$ $\Rightarrow a+4b+12c+24d = 6 \Rightarrow d = 0$

Resultat: $f(x) = x^2 - 3x + 2$

Es ergibt sich dasselbe Stützpolynom. Der Stützpunkt (4|6) liegt auf dem bereits ausgerechnenten Stützpolynom und bringt daher keine bessere Annäherung.

11. a) Stützpunkte bestimmen:

x	−1	0	1	2
y	0,5	1	2	4

Ansatz: $f(x) = a + b(x+1) + c(x+1)x + d(x+1)x(x-1)$

LGS:
I $f(-1) = 0{,}5$ $\Rightarrow a = 0{,}5$
II $f(0) = 1$ $\Rightarrow a+b = 1 \Rightarrow b = 0{,}5$
III $f(1) = 2$ $\Rightarrow a+2b+2c = 2 \Rightarrow c = 0{,}25$
IV $f(2) = 4$ $\Rightarrow a+3b+6c+6d = 4 \Rightarrow d = \frac{1}{12}$

Resultat:

$f(x) = \frac{1}{12}x^3 + \frac{1}{4}x^2 + \frac{2}{3}x + 1$

11. b) $h(x) = 2^x$, wahre Funktionswerte: $h(\frac{1}{2}) = 2^{0,5} = \sqrt{2}$, $h(3) = 2^3 = 8$ 173

Berechnung durch Interpolation: $f(\frac{1}{2}) = \frac{1}{12} \cdot \frac{1}{8} + \frac{1}{4} \cdot \frac{1}{4} + \frac{2}{3} \cdot \frac{1}{2} + 1 = 1\frac{13}{32}$

$f(3) = \frac{1}{12} \cdot 27 + \frac{1}{4} \cdot 9 + \frac{2}{3} \cdot 3 + 1 = 7\frac{1}{2}$

Prozentualer Fehler: $h(\frac{1}{2}) - f(\frac{1}{2}) = \sqrt{2} - 1\frac{13}{32} \approx 0{,}008$ Der Fehler beträgt 0,56 %.

$h(3) - f(3) = 8 - 7{,}5 = 0{,}5$ Der Fehler beträgt 6,25 %.

Die Interpolation erfolgte mit Stützpunkten im Intervall $[-1, 2]$.

Da 0,5 in diesem Intervall liegt, ist der Fehler sehr gering. Je weiter man sich von diesem Intervall entfernt, umso größer wird der Fehler.

Streifzug

a) $L_1(x) = \frac{(x-x_2)\cdot(x-x_3)}{(x_1-x_2)\cdot(x_1-x_3)} = \frac{(x-4)\cdot(x-6)}{(2-4)\cdot(2-6)} = \frac{1}{8}(x^2 - 10x + 24)$ 174

$L_2(x) = \frac{(x-x_1)\cdot(x-x_3)}{(x_2-x_1)\cdot(x_2-x_3)} = \frac{(x-2)\cdot(x-6)}{(4-2)\cdot(4-6)} = \frac{1}{4}(x^2 - 8x + 12)$

$L_3(x) = \frac{(x-x_1)\cdot(x-x_2)}{(x_3-x_1)\cdot(x_3-x_2)} = \frac{(x-2)\cdot(x-4)}{(6-2)\cdot(6-4)} = \frac{1}{8}(x^2 - 6x + 8)$

$L(x) = y_1 \cdot L_1 + y_2 \cdot L_2 + y_3 \cdot L_3$

$= 1 \cdot \frac{1}{8}(x^2 - 10x + 24) - 2 \cdot \frac{1}{4}(x^2 - 8x + 12) + 2 \cdot \frac{1}{8}(x^2 - 6x + 8)$

$= \frac{7}{8}x^2 - \frac{54}{8}x + 11$

b) $L_1(x) = \frac{(x-4)\cdot(x-5)}{(2-4)\cdot(2-5)} = \frac{1}{6}(x^2 - 9x + 20)$

$L_2(x) = \frac{(x-2)\cdot(x-5)}{(4-2)\cdot(4-5)} = -\frac{1}{2}(x^2 - 7x + 10)$

$L_3(x) = \frac{(x-2)\cdot(x-4)}{(5-2)\cdot(5-4)} = \frac{1}{3}(x^2 - 6x + 8)$

$L(x) = y_1 \cdot L_1 + y_2 \cdot L_2 + y_3 \cdot L_3$

$= -2 \cdot \frac{1}{6}(x^2 - 9x + 20) + 0 \cdot (-\frac{1}{2}(x^2 - 7x + 10)) + 3 \cdot \frac{1}{3}(x^2 - 6x + 8)$

$= \frac{2}{3}x^2 - 3x + \frac{4}{3}$

a)

$L_1(x) = \frac{(x+1)(x-2)}{(-3+1)(-3-2)} = \frac{1}{10}(x^2 - x - 2)$

$L_2(x) = \frac{(x+3)(x-2)}{(-1+3)(-1-2)} = -\frac{1}{6}(x^2 + x - 6)$

$L_3(x) = \frac{(x+3)(x+1)}{(2+3)(2+1)} = \frac{1}{15}(x^2 + 4x + 3)$

$L(x) = \frac{1}{3}x^2 + \frac{4}{3}x$

Newton:

$f(x) = a_0 + a_1(x - x_1) + a_2(x - x_1) \cdot (x - x_2)$ 175

$f(x) = a_0 + a_1(x + 3) + a_2(x + 3) \cdot (x + 1)$

$f(-3) = -1 \Rightarrow a_0 = -1$, $f(-1) = -1 \Rightarrow a_1 = 0$

$f(2) = 4 \Rightarrow a_2 = \frac{1}{3}$

$f(x) = \frac{1}{3}x^2 + \frac{4}{3}x$

Beide Interpolationspolynome stimmen überein. Das Newtonsche Polynom ist etwas leichter zu bestimmen. Bei einer Vergrößerung der Zahl der Stützstellen kommt der Newtonsche Ansatz immer stärker in Vorteil.

b) $L(x) = -\frac{1}{6}x^3 + \frac{13}{6}x + 1$

177 12. $f(x) = ax^5 + bx^3 + cx$, $f'(x) = 5ax^4 + 3bx^2 + c$, $f''(x) = 20ax^3 + 6bx$

$f(10) = 2$: $100000a + 1000b + 10c = 2$

$f'(10) = 0$: $50000a + 300b + c = 0$

$f''(10) = 0$: $20000a + 60b = 0$, $f(x) = 0{,}0000075x^5 - 0{,}0025x^3 + 0{,}375x$

178 13. a) $f(x) = ax^3 + bx$ (wg. Sym.), $f'(x) = 3ax^2 + b$

$f(2) = 2$: $8a + 2b = 2$

$f'(2) = 0$: $12a + b = 0$, $f(x) = -\frac{1}{8}x^3 + \frac{3}{2}x$

b) steilste Stelle im Wendepunkt: $f'(0) = \frac{3}{2}$, $\alpha \approx 56{,}3° < 60°$, Auflage erfüllt

c) $f(-2) = -2$ erfüllt, $f'(-2) = 0$ erfüllt aber $f(0) = -1 \neq 0$ nicht erfüllt

14. a) $f(x) = ax^3 + bx$ (wg. Sym.), $f'(x) = 3ax^2 + b$

$f(5) = 2$: $125a + 5b = 2$

$f'(5) = 1$: $75a + b = 1$, $f(x) = 0{,}012x^3 - 0{,}1x$

b) $f''(x) = 0{,}072x$, $f''(5) = 0{,}36 \neq g''(5) = 0$, also Krümmungsruck

c) $f(x) = ax^5 + bx^3 + cx$, $f'(x) = 5ax^4 + 3bx^2 + c$, $f''(x) = 20ax^3 + 6bx$

$f(5) = 2$: $3125a + 125b + 5c = 2$

$f'(5) = 0$: $3125a + 75b + c = 1$

$f''(5) = 0$: $2500a + 30b = 0$, $f(x) = -0{,}00036x^5 + 0{,}03x^3 - 0{,}125x$

15. a) $f(x) = 10 - \frac{10}{225}x^2$

b) $f(x) = ax^4 + bx^2 + 10$ (Sym.), $f'(x) = 4ax^3 + 2bx$

$f(15) = 0$: $50625a + 225b + 10 = 0$

$f'(15) = 0$: $13500a + 30b = 0$, $f(x) = 0{,}0002x^4 - 0{,}0889x^2 + 10$

c) $f(x) = ax^6 + bx^4 + cx^2 + 10$, $f'(x) = 6ax^5 + 4bx^3 + 2cx$, $f''(x) = 30ax^4 + 12bx^2 + 2c$

$f(15) = 0$: $11390625a + 50625b + 225c + 10 = 0$

$f'(15) = 0$: $4556250a + 13500b + 30c = 0$

$f''(15) = 0$: $1518750a + 2700b + 2c = 0$

$f(x) = -\frac{2}{2278125}x^6 + \frac{2}{3375}x^4 - \frac{2}{15}x^2 + 10$

Bei a) liegt kein glatter Übergang vor.
Bei b) liegt glatter aber nicht ruckfreier Übergang vor.
Bei c) liegt glatter und ruckfreier Übergang vor.

16. $f(x) = ax^4 + bx^2 + c$, $f'(x) = 4ax^3 + 2bx$, $f''(x) = 12ax^2 + 2b$

$f(10) = 10$: $10000a + 100b + c = 10$

$f'(10) = -1$: $4000a + 20b = -1$

$f''(10) = 0$: $1200a + 2b = 0$, $f(x) = \frac{1}{8000}x^4 - \frac{3}{40}x^2 + 16{,}25$

Die Wendepunkte sind $W_1(-10|10)$ und $W_2(10|10)$
Die Loipe ist 3,75 m vom Fluss entfernt.

179 17. a) $f(x) = ax^2 + b$, $f'(x) = 2ax$, $f(2) = 4a + b = 0$, $f'(2) = 4a = 1$

$f(x) = 0{,}25x^2 - 1$ versatz- und knickfrei

b) Nein, denn $f''(x) = 2$ kann nicht null werden.

18. a) oberes Bild: $f_1(x_0) = g(x_0)$: Die Gleise treffen sich bei x_0. **179**
mittleres Bild: $f_1'(x_0) = g'(x_0)$: Die Gleise haben gleiche Steigung bei x_0.
unteres Bild: $f_1''(x_0) \neq g''(x_0)$: Keine Ruckfreiheit bei x_0.

b) $f_2'(x) = \frac{15}{8}x^4 - \frac{15}{4}x^2 + \frac{15}{8}$, $f_2''(x) = \frac{15}{2}x^3 - \frac{15}{2}x$

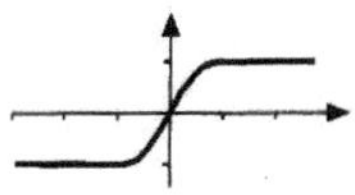

Die Gleise treffen sich bei $x_0 = 1$: $f_2(1) = 1$
und bei $-x_0 = -1$: $f_2(-1) = -1$

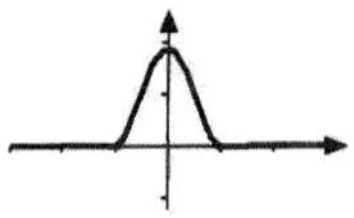

Die Gleise haben gleiche Steigung bei x_0 und $-x_0$:
$f_2'(1) = 0$, $f_2'(-1) = 0$

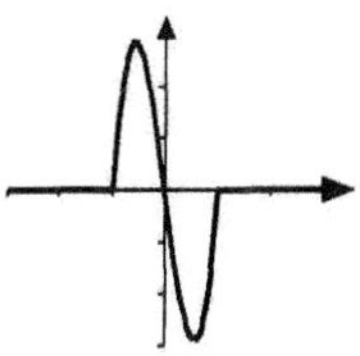

Ruckfreiheit bei x_0 und $-x_0$: $f_2''(1) = 0$, $f_2''(-1) = 0$

19. $h(x) = -2x - 4$, $h'(x) = -2$
$g(x) = -2x + 4$, $g'(x) = -2$
$f_1(x) = -(x-1)^2 + 1 = -x^2 + 2x$, $f_1'(x) = -2x + 2$
$f_2(x) = (x+1)^2 - 1 = x^2 + 2x$, $f_2'(x) = 2x + 2$
Es gilt $h(-2) = f_2(-2) = 0$ und $g(2) = f_1(2) = 0$
sowie $h'(-2) = f_2'(-2) = -2$ und $g'(2) = f_1'(2) = -2$
aber $h''(-2) = 0 \neq f_2''(-2) = 2$ und $g''(2) = 0 \neq f_1(2) = -2$
Elisabeth hat Recht, der Übergang ist nicht ruckfrei.

2. Die lineare Regression

180 1. Optisch hat man den Eindruck, dass g(x) = x besser als Ausgleichsgerade geeignet ist als f(x) = 0,7x.
Rechnung:
Funktionswerte: f(3) = 2,1 ; f(7) = 4,9 ; f(9) = 6,3
g(3) = 3 ; g(7) = 7 ; g(9) = 9
Die Summe der vertikalen Abstände:

$$f: \quad |f(3)-4|+|f(7)-6|+|f(9)-8| = 1,9+2,1+1,7 = 5,7$$

$$g: \quad |g(3)-4|+|g(7)-6|+|g(9)-8| = 1+1+1 = 3$$

Tatsächlich ist g besser geeignet als f.

181 2. a)

x	2	4	6
f(x)	3	6	9
g(x)	4	8	12

Abstandsquadratsumme: f: 6 ; g: 6

b) Abstandssumme: f: 4 ; g: 4 ; keine Entscheidung möglich

3. a) Nach optischer Schätzung liegt g am besten in der Punktwolke.
b) Abstandssumme: f: 29 ; g: 20 ; h: 23,5
g ist die beste Wahl.

183 4. a)

x	3	7	11
f(x)	1,8	4,2	6,6
g(x)	2,1	4,9	7,7

Abstandssumme: f: 2,8 ; g: 2,1
g ist besser geeignet.

b)

x	2	4	6	9	11
f(x)	1,2	2,4	3,6	5,4	6,6
g(x)	1,4	2,8	4,2	6,3	7,7

Abstandssumme: f: 5,6 ; g: 7
f ist besser geeignet.

c)

x	1	3	6	9
f(x)	0,6	1,8	3,6	5,4
g(x)	0,7	2,1	4,2	6,3

Abstandssumme: f: 3,4 ; g: 3,9
f ist besser geeignet.

5. a)

x	2	4	6
f(x)	1,8	3,6	5,4
g(x)	2,4	4,8	7,2

Abstandsquadratsumme: f: 7,76 ; g: 5,84
g ist besser geeignet.

b)

x	3	5	6	9
f(x)	2,7	4,5	5,4	8,1
g(x)	3,6	6	7,2	10,2

Abstandsquadratsumme: f: 5,91 ; g: 5,64
g ist besser geeignet.

6. a) $m = \frac{6+20+42+70}{4+25+49+100} = \frac{138}{178} \approx 0,775, \quad f(x) = 0,775x$

b) $m = \frac{6+10+28+54+88}{4+25+49+81+121} = \frac{230}{280} \approx 0,821, \quad f(x) = 0,821x$

c) $m = \frac{3+12+20+30+63}{1+9+16+25+49} = \frac{128}{100} \approx 1,28, \quad f(x) = 1,28x$

d) $m = \frac{2+12+25+24+42+70}{4+16+25+36+49+100} = \frac{175}{230} \approx 0,761, \quad f(x) = 0,761x$

a)

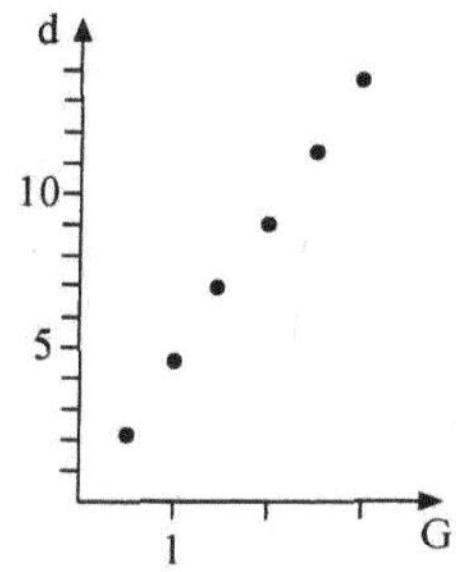

7. b) $m = \frac{103{,}65}{22{,}75} \approx 4{,}56$ 183

$g(x) = 4{,}56x$

c) $m = \frac{107{,}55}{22{,}75} \approx 4{,}73$

$g(x) = 4{,}73x$

8. a) Schwerpunkt: $S(2|2)$ 185

Steigung der Regressionsgeraden: $m = -\frac{1}{4}$

Regressionsgerade: $g(x) = -\frac{1}{4}x + \frac{5}{2}$

b) Schwerpunkt: $S(5|4)$

Steigung der Regressionsgeraden: $m = \frac{15}{34}$

Regressionsgerade: $g(x) = \frac{15}{34}x + \frac{61}{34}$

c) Schwerpunkt: $S(5|3)$

Steigung der Regressionsgeraden: $m = -\frac{53}{84}$

Regressionsgerade: $g(x) = -\frac{53}{84}x + \frac{517}{84}$

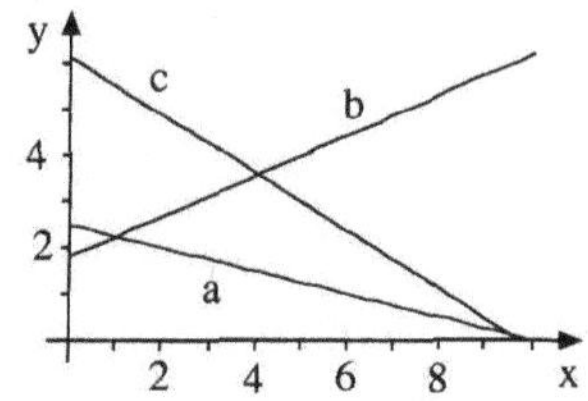

9. b) Schwerpunkt: $S(6|4)$

Steigung von g: $m = \frac{26}{76}$

$g(x) = \frac{26}{76}x + \frac{148}{76}$

c) Die nach Gefühl gezeichnete Gerade h ist etwas zu steil.

a)

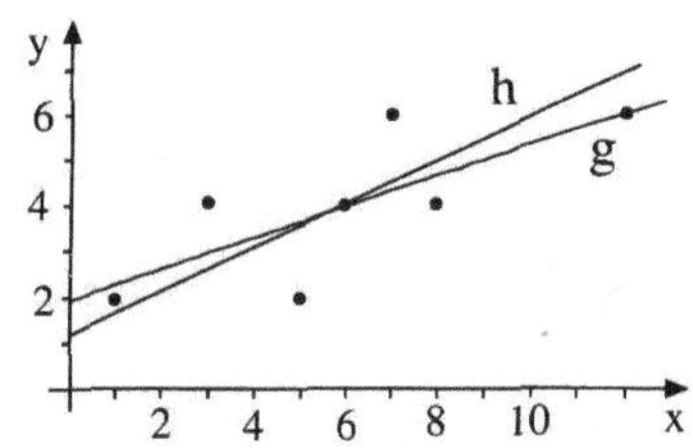

10. a) Nach Eingabe der beiden Daten für x und y ruft man die Option für die lineare Regression auf. Angezeigt wird: 186

1. Gleichung der Regressionsgeraden
   $g(x) = 0{,}39x + 1{,}04$
2. Korrelationskoeffizient: $r = 0{,}84$
   Interpretation:
   Der Korrelationskoeffizient liegt relativ nahe bei 1. Das deutet auf einen sehr deutlichen linearen Zusammenhang.
3. Die Graphik bestätigt die Interpretation.

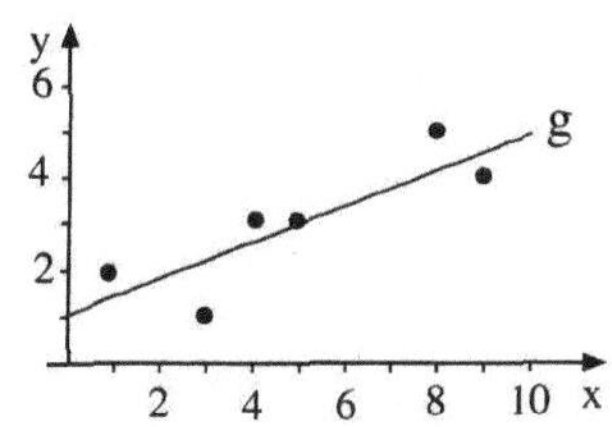

b) 1. Gleichung der Regressionsgeraden: $g(x) = 3{,}6$

2. Korrelationskoefffizient: $r = 0$
   Interpretation: Es gibt überhaupt keinen linearen Zusammenhang.
   Die Regressionsgerade ist sinnlos.
3. Es scheint ein quadratischer Regressionszusammenhang vor zu liegen.

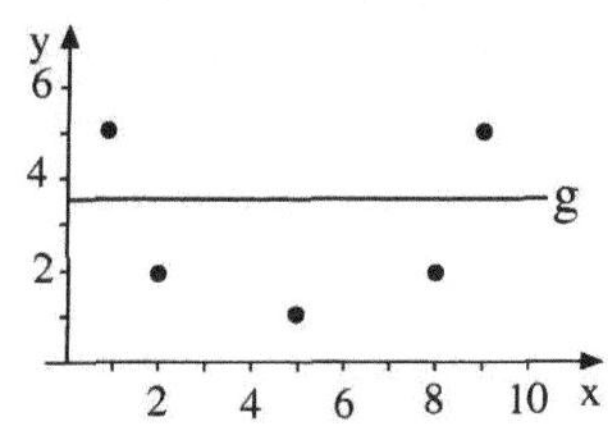

187 11. Nach Eingabe der Werte für den diastolischen Druck x und den systolischen Druck y in zwei Datenlisten wird die lineare Regression aufgerufen.

1. Regressionsgerade: $g(x) = 1{,}51x + 7{,}56$
2. Korrelationskoeffizient: $r = 0{,}79$
   Interpretation: Es liegt ein recht deutlicher Regressionszusammenhang vor.

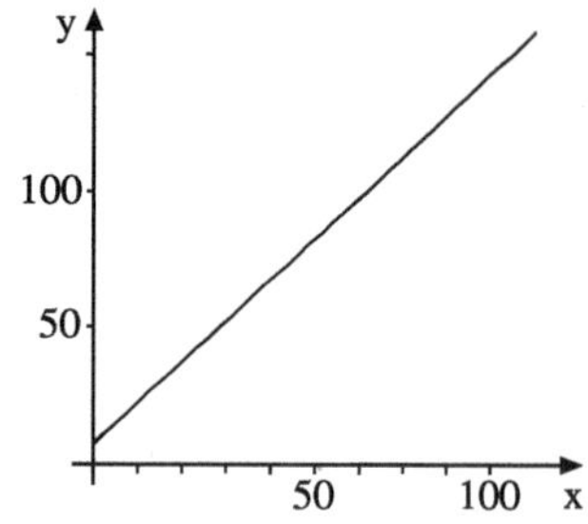

188 12. a) Schwerpunkt: S(4|4)
Steigung:

$$m = \frac{(x_1-\bar{x})\cdot(y_1-\bar{y})+(x_2-\bar{x})\cdot(y_2-\bar{y})+(x_3-\bar{x})\cdot(y_3-\bar{y})}{(x_1-\bar{x})^2+(x_2-\bar{x})^2+(x_3-\bar{x})^2} = -\frac{5}{6}$$

Regressionsgerade: $g(x) = -\frac{5}{6}x + \frac{44}{6}$

Zusatzinformation: (Taschenrechner)
$r = -0{,}94$: starker negativer linearer Regressionszusammenhang

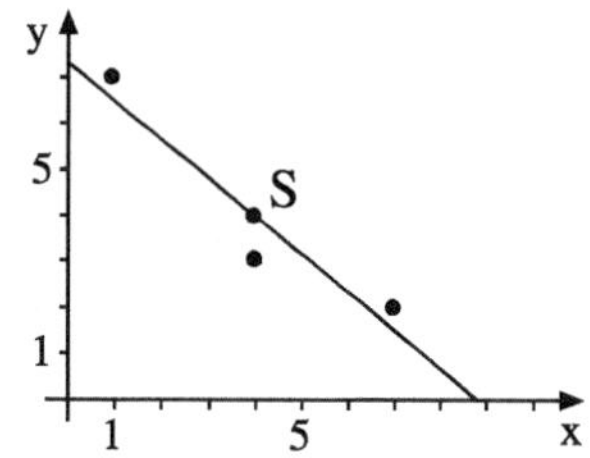

b) Schwerpunkt: S(5|4)

Steigung: $m = \frac{9}{17}$

Regressionsgerade: $g(x) = \frac{9}{17}x + \frac{23}{17}$

Zusatzinformation: (Taschenrechner)
$r = 0{,}98$: fast perfekter, sehr starker linearer Regressionszusammenhang

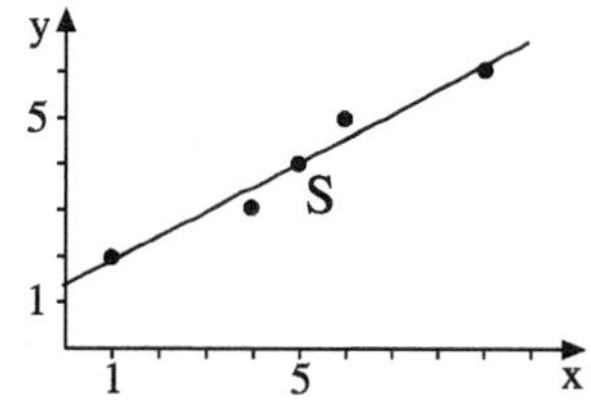

c) Schwerpunkt: S(4|4)

Steigung: $m = -\frac{21}{20}$

Regressionsgerade: $g(x) = -\frac{21}{20}x + \frac{164}{20}$

Zusatzinformation: (Taschenrechner)
$r = -0{,}96$: starker negativer linearer Regressionszusammenhang

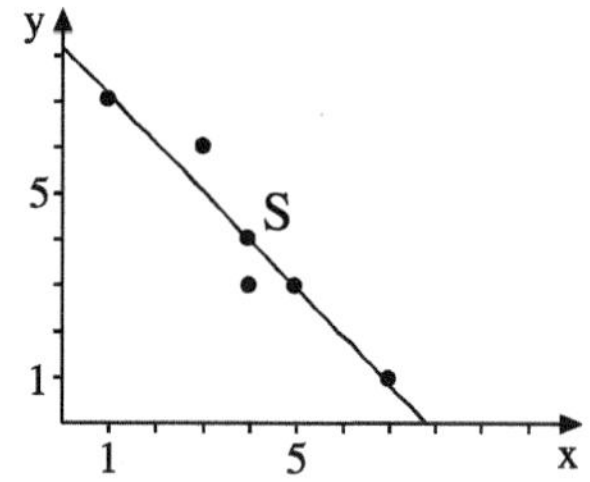

d) Schwerpunkt: S(7|4)

Steigung: $m = \frac{24}{43}$

Regressionsgerade: $g(x) = \frac{24}{43}x + \frac{4}{43}$

Zusatzinformation: (Taschenrechner)
$r = 0{,}98$: fast perfekter, sehr starker linearer Regressionszusammenhang

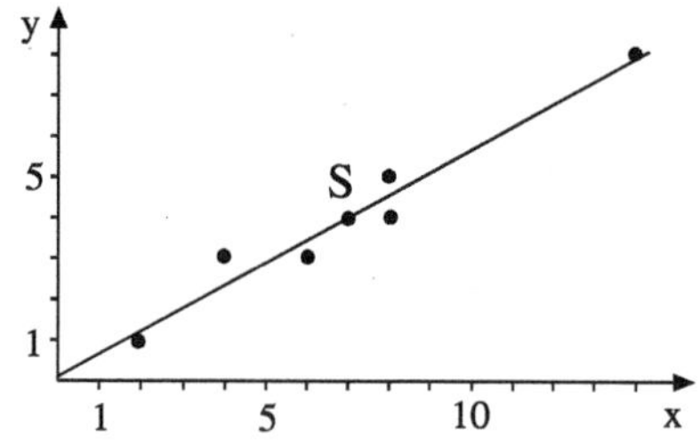

188

13. a) Hier wird ein relativ starker linearer Zusammenhang vermutet.

x	1	2	4	5	7	8
y	1	3	3	5	6	6

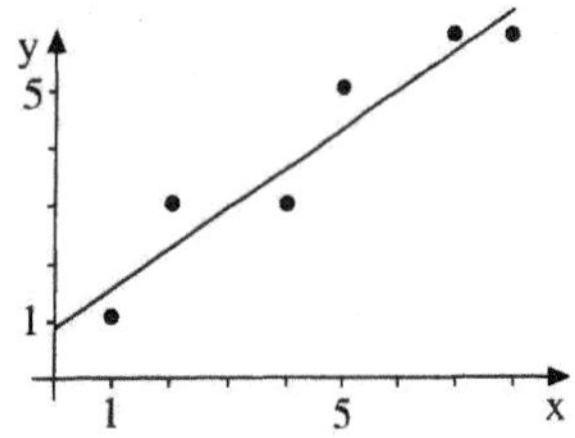

Regressionsgerade: (Rechner)
Nach Eingabe der Punktwolke in zwei Datenlisten und Anwenden der Regressionsoption liefert der Rechner:
$g(x) = 0,69x + 0,88$; $r = 0,95$
Es liegt also ein starker positiver Regressionszusammenhang vor.

b) Hier liegt ganz offensichtlich kein linearer Regressionszusammenhang vor, sondern ein quadratischer.

c) Hier liegt offensichtlich ein negativer linearer Regressionszusammenhang vor.

x	1	3	3	5	7	8
y	7	4	6	3	3	1

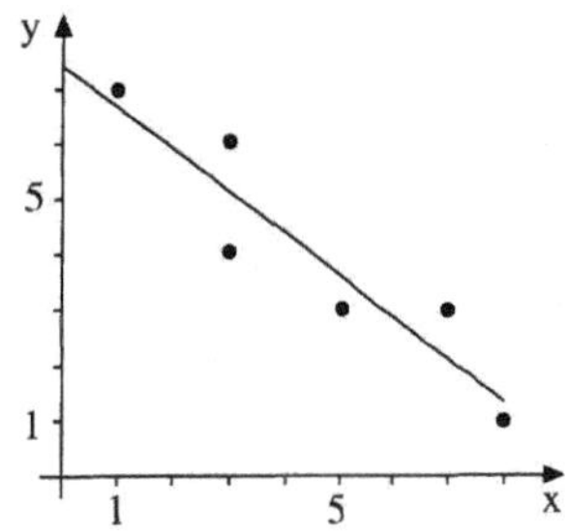

Regressionsgerade: (Rechner)
$g(x) = -0,76x + 7,42$; $r = -0,93$
Es liegt also ein deutlicher negativer linearer Regressionszusammenhang vor.

d) Hier ist die Lage unklar. Die Punkte beugen sich keinem Schema und streuen extrem stark.

x	2	2	2	2	3	3	4	4	5	5	5	6	7	7
y	1	3	6	7	3	5	1	7	3	5	6	2	3	4

Regressionsgerade: $g(x) = -0,16x + 4,66$; $r = -0,14$
Interpretation: Es liegt rein rechnerisch eine äußerst schwache negative lineare Korrelation vor. Der Zusammenhang ist allerdings wegen $r = -0,14 \approx 0$ so schwach, dass man ihn ganz verwerfen kann.

14. Der Rechner liefert nach Eingabe der x- und y-Werte der Messwertreihen in zwei Datenlisten folgende Ergebnisse:
1. Regressionsgerade: $g(x) = 0,28x + 2,02$
2. Korrelationskoeffizient: $r = 0,81$
3. Interpretation: Es liegt ein mittelstarker linearer Regressionszusammenhang vor. Die Graphik zeigt, dass g recht gut passt, als Ausgleichsgerade.

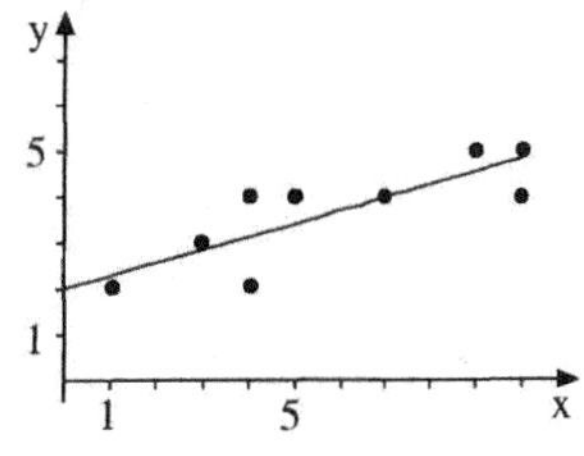

15. b) Schwerpunkt: S(90|8)
c) Regressionsgerade:
manuell mit $m \approx 0,068$ und S(90|8):
$g(x) = 0,068x + 1,88$
Rechnerlösung: $g(x) = 0,068x + 1,91$
Die Zeichnung bestätigt eine gute Eignung.

a)

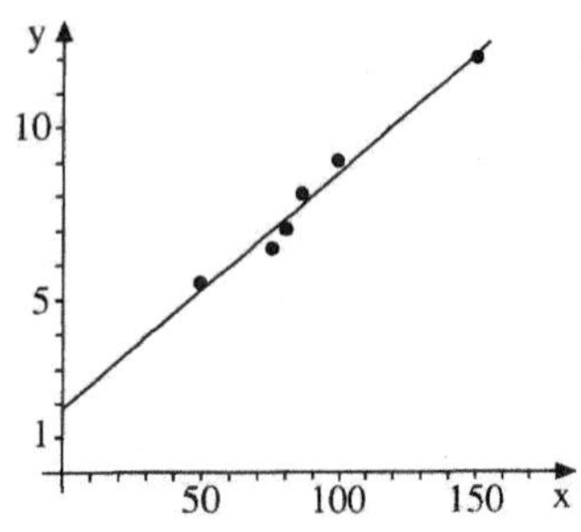

188 15. d) manuelle Berechnung von r:

$$r=\frac{(x_1-\bar{x})\cdot(y_1-\bar{y})+...+(x_6-\bar{x})\cdot(y_6-\bar{y})}{\sqrt{(x_1-\bar{x})^2+...+(x_6-\bar{x})^2}\cdot\sqrt{(y_1-\bar{y})^2+...+(y_6-\bar{y})^2}}=\frac{(50-90)\cdot(5{,}5-8)+...+(150-90)\cdot(12-8)}{\sqrt{(50-90)^2+...+(150-90)^2}\cdot\sqrt{(5{,}5-8)^2+...+(12-8)^2}}$$

$$\approx\frac{282{,}5}{386{,}96}\approx 0{,}99$$

rechnerische Bestimmung von r:
Datenliste für x (Leistung) und y (Verbrauch) eingeben und lineare Regression aufrufen.
Ergebnis: $g(x)=0{,}068x+1{,}91$; $r=0{,}99$
Der Regressionszusammenhang ist also fast identisch. Das deckt sich mit der Zeichnung.

e) Verbrauchsprognose:

$g(200)=0{,}068\cdot 200+1{,}91=15{,}51$

Es ist ein Verbrauch von ca. 15,5 Liter pro 100km Fahrstrecke zu erwarten.

189 16. a) Hier liegt offensichtlich ein perfekter positiver linearer Regressionszusammenhang vor. Die manuelle bzw. rechnergestützte Berechnung des Korrelationskoeffizienten ergibt $r = 1$, was die optische Beobachtung eindrucksvoll bestätigt.
Der Rechner liefert: $g(x)=0{,}5x+0{,}5$.
Bei dieser Aufgabe stimmen optischer Eindruck und Rechnerergebnis sehr gut überein.

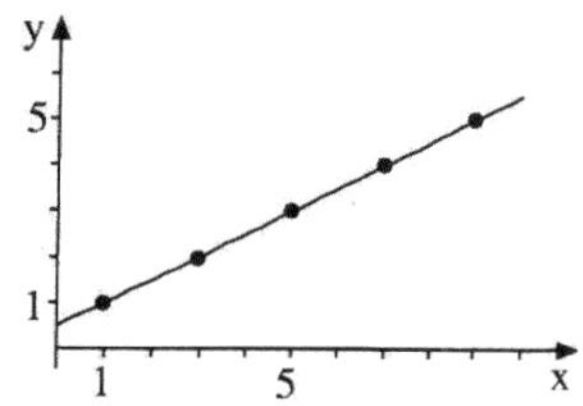

b) Hier ergibt der optische Eindruck die Vermutung eines mäßig starken negativ linearen Zusammenhangs.
Die Berechnung ergibt $r = -0{,}76$, was den ersten Eindruck bestätigt.
Der Rechner liefert:
$g(x)=-0{,}45x+6{,}80$; $r=-0{,}76$.
Optischer Eindruck und Rechnerergebnis stimmen überein.

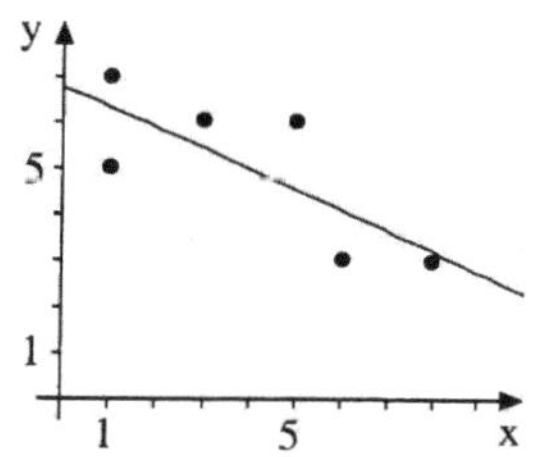

c) Hier ergibt sich optisch der Eindruck eines rein quadratischen Regressionszusammenhangs. Von Linearität kann gar keine Rede sein.
Der Rechner liefert:
$g(x)=0{,}025x+5{,}83$; $r=0{,}06$.
Der Korrelationskoeffizient ist so klein, dass man die Gerade verwerfen sollte und zum quadratischen Regressionszusammenhang übergehen sollte.

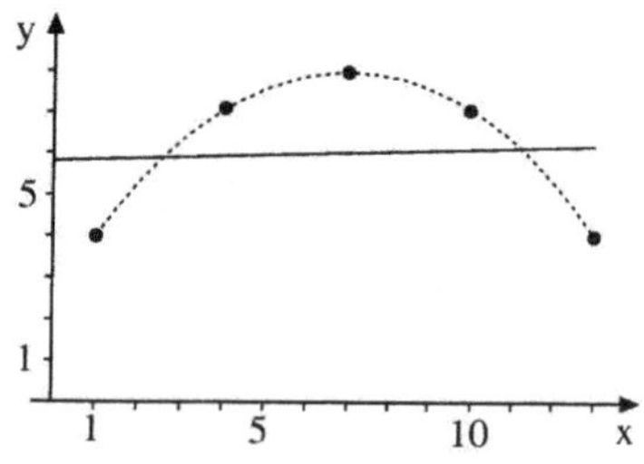

16. d) Der optische Eindruck ist nicht eindeutig. Vermutet wird ein schwacher linearer Zusammenhang. 189

Der Rechner liefert:

$g(x) = 0{,}08x + 3{,}62$; $r = 0{,}26$.

Ein recht schwacher positiver linearer Zusammenhang ist hier aber durchaus plausibel.

Es könnte aber auch, wie in der Zeichnung angedeutet, ein periodischer Zusammenhang vorliegen.

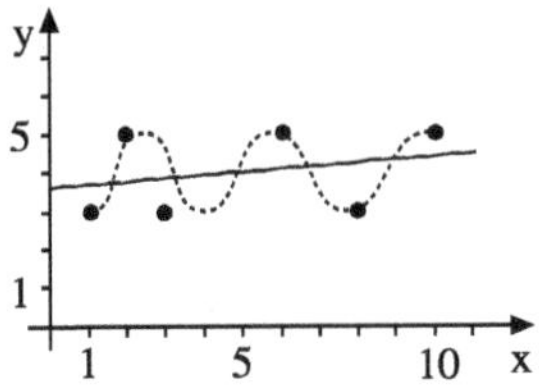

Kommentar: Insgesamt zeigen die Teilaufgaben 16.a-16.d, dass man sich nicht allein auf die reinen Rechenergebnisse verlassen kann, sondern den gesunden Menschenverstand einbeziehen sollte.

17. a) Schwerpunkt: S(6|4)

Regressionsgerade: $m = \frac{(x_1-\bar{x})\cdot(y_1-\bar{y})+...+(x_6-\bar{x})\cdot(y_6-\bar{y})}{(x_1-\bar{x})^2+...+(x_6-\bar{x})^2}$

$= \frac{(2-6)\cdot(1-4)+...+(12-6)\cdot(7-4)}{(2-6)^2+...+(12-6)^2} = \frac{33}{66} = \frac{1}{2}$

$g(x) = 0{,}5(x-6) + 4 = 0{,}5x + 1$

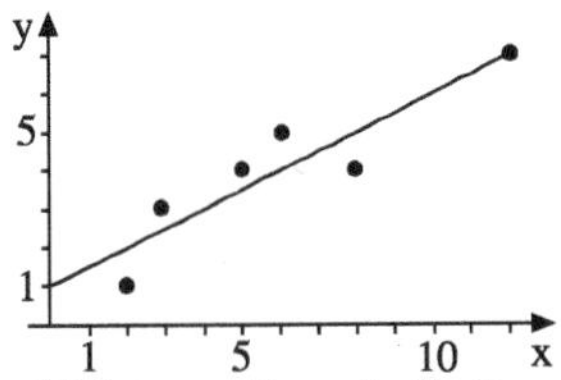

b) Nach Eingabe der x-Koordinaten und der y-Koordinaten in zwei Listen rufen wir die lineare Regression auf und erhalten $g(x) = 0{,}5x + 1$; $r = 0{,}91$.

Es liegt also ein starker positiver linearer Progressionszusammenhang vor.

18. $r = \frac{(x_1-\bar{x})\cdot(y_1-\bar{y})+...+(x_6-\bar{x})\cdot(y_6-\bar{y})}{\sqrt{(x_1-\bar{x})^2+...+(x_6-\bar{x})^2}\cdot\sqrt{(y_1-\bar{y})^2+...+(y_6-\bar{y})^2}} = \frac{(2-6)\cdot(1-4)+...+(12-6)\cdot(7-4)}{\sqrt{(2-6)^2+...+(12-6)^2}\cdot\sqrt{(1-4)^2+...+(7-4)^2}} = \frac{33}{\sqrt{66}\cdot\sqrt{20}} \approx 0{,}91$

19. a) Es zeichnet sich ein sehr deutlicher positiver linearer Regressionszusammenhang ab.

b) Eingabe der beiden Koordinatenreihen für x und y in zwei Listen.

Starten der Option für die lineare Regression.

Resultat: $g(x) = 114{,}84x - 132$; $r = 0{,}97$

Zum Zeichnen der Gerade g bestimmen wir zwei Punkte:

$g(2) = 97{,}68 \Rightarrow Q(2\,|\,97{,}68)$

und die Nullstelle $N(1{,}15|0)$

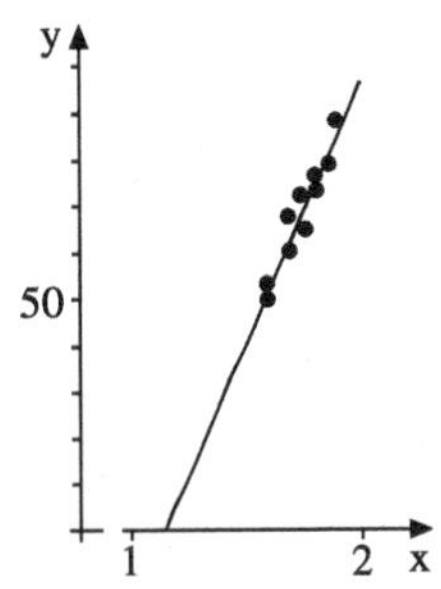

Die Gerade passt sehr gut zur Punktwolke.

Der Wert $r = 0{,}97$ zeigt einen außergewöhnlich starken Regressionszusammenhang an.

c) Prognose: $g(2) \approx 97{,}68$ kg sollte er wiegen.

189 20.

Dies ist ein Beispiel, in welchem der empirische statistische Ansatz versagt. Anders gesagt: Die Zahlen täuschen einen Zusammenhang vor, der in Wirklichkeit gar nicht exixtiert.
Derartiges kommt in der Realität gar nicht so selten vor. Manchmal wird auf diese Weise auch absichtlich manipuliert, um Zusammenhänge vorzutäuschen, z. B. in der Bildungsforschung.

Trägt man die Meßreihenpunkte in eine Graphik ein, so ergibt sich anscheinend ein linearer Zusammenhang.

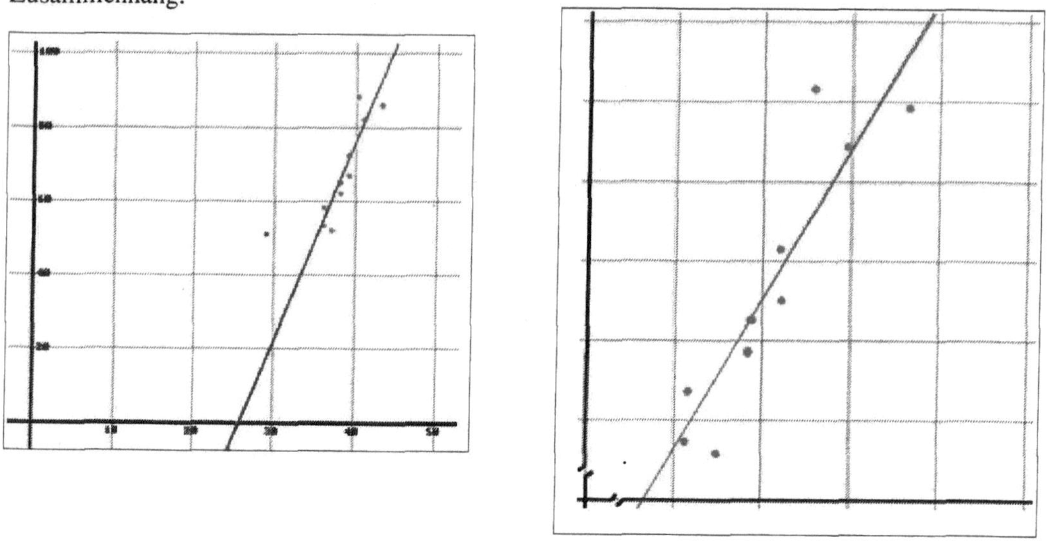

Graphik und vergrößerter Ausschnitt

Mit dem Rechner kann man eine Regressionsanalyse vornehmen.
Man gibt die beiden Listen x (Schuhgröße) und y (Punktergebnis im Mathematiktest) ein.
Dann ruft man die lineare Regression auf.
Diese gibt die Regressionsgerade $g(x) = 5{,}39\ x - 139{,}92$, die oben eingezeichnet ist, und den Regressionskoeffizienten $r = 0{,}9053$ aus. Die gerade passt anscheinend gut zur Punktwolke und der Regressionskoeffizient zeigt einen starken positiven linearen Zusammenhang an.

Dieser Zusammenhang ist aber künstlich. Er bedeutet keineswegs, das die kausale Ursache für gute Mathematikleistungen die Schuhgröße ist. Der Zusammenhang kommt lediglich über die entscheidende Hintergrundgröße "Alter der Schüler " zustande.
Ein höheres Alter bedeutet natürlich im Durchschnitt umfassendere Mathematikkenntnisse und damit bessere Testergebnisse. Es bedeutet aber auch größere Schuhe, so dass der Scheinzusammenhang zustandekommt.

Um solche Effekte zu vermeiden, muss man bei jedem empirischen Datenzusammenhang fragen, ob er sich durch eine einsichtige Theorie kausal stützen lässt. Ohne eine solche Theorie sind statistische Daten nichts wert und gehören in den Mülleimer. Es sei denn, man will täuschen und fälschen.

Test

1. $p(-2) = -3: \quad 4a - 2b + c = -3$ 192

   $p(2) = 5: \quad 4a + 2b + c = 5$

   $p(4) = 3: \quad 16a + 4b + c = 3, \quad a = -\frac{1}{2}, \quad b = 2, \quad c = 3, \quad p(x) = -\frac{1}{2}x^2 + 2x + 3$

2. a) $f(x) = a_0 + a_1(x-0) + a_2(x-0)(x-1) + a_3(x-0)(x-1)(x-4)$

   $f(0) = 4: \quad a_0 = 4$

   $f(1) = 2: \quad a_0 + a_1 = 2, \quad a_1 = -2$

   $f(4) = 8: \quad a_0 + 4a_1 + 12a_2 = 8, \quad a_2 = 1$

   $f(x) = x^2 - 3x + 4$

   b) $f(x) = x^2 - 3x + 4 + a_3x(x-1)(x-4), \quad f(5) = 14 + 20a_3 = 4 \Rightarrow a_3 = -\frac{1}{2}$

   $f(x) = -\frac{1}{2}x^3 + \frac{7}{2}x^2 - 5x + 4$

   c) $g(x) = 2(x-1) + 2 = 2x$

   $g(3) = 6, \; f_a(3) = 4, \; f_b(3) = 7$

   Der Punkt P(3|y) ist bei Newtonscher Interpolation um 2 Einheiten größer als bei linearer Interpolation. Wahrscheinlich liefert die Newtonsche Interpolation das der Wirklichkeit näher kommende Ergebnis und die lineare Näherung ist hier zu grob.

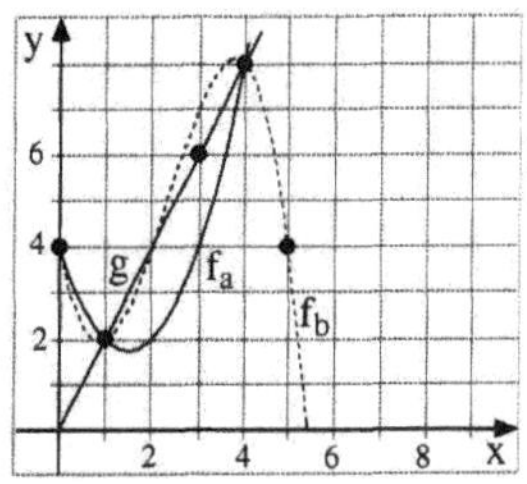

3. a) f: 0,5 + 0,5 + 1,5 + 2 = 4,5

   g: 1 + 2 + 1 + 1 = 5

   f ist besser geeignet.

   b) f: 0,25 + 0,25 + 2,25 + 4 = 6,75

   g: 1 + 4 + 1 + 1 = 7

   f ist besser geeignet.

4. a) $P_1(3|2), P_2(4|4), P_3(6|5), P_4(9|6), P_5(10|7)$

   b) $g(x) = 0{,}75x$

   c) $f(x) = \frac{6+16+30+54+70}{9+16+36+81+100}x = \frac{176}{242}x \approx 0{,}73x$

   Vergleich: Die Schätzgerade ist etwas zu steil.

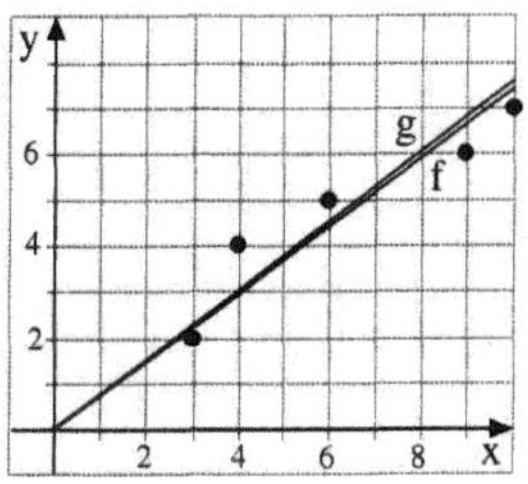

5. a) $\overline{x} = \frac{1+3+4+5+8+10+11}{7} = 6, \quad \overline{y} = \frac{11+10+8+6+6+5+3}{7} = 7, \quad S(6|7)$

   b) Wir geben die x-Werte und die y-Werte jeweils als eine Liste ein und starten die Regression.

   Resultat: $g(x) \approx -0{,}71x + 11{,}29$

   c) Der Rechner gibt r = –0,94 an.

   d) Es liegt ein starker negativer linearer Regressionszusammenhang vor.

VI. Weitere Anwendungen der Integralrechnung
1. Das Volumen von Rotationskörpern

195 1. $V = \pi\int_0^9 \frac{9}{4}x\,dx = \pi[\frac{9}{8}x^2]_0^9 = 91{,}125\pi \approx 286{,}28$

2. $f(x) = \frac{1}{20}x^2 + 5$

$$V = 2\pi\int_0^{10} (\frac{1}{400}x^4 + \frac{1}{2}x^2 + 25)dx = 2\pi[\frac{1}{2000}x^5 + \frac{1}{6}x^3 + 25x]_0^{10} = \frac{2800}{3}\pi \approx 2932{,}15$$

196 3. $f(x) = \frac{2{,}5}{13}x$, $V = \pi\int_0^{13} (\frac{2{,}5}{13})^2 x^2 dx = \pi[(\frac{2{,}5}{13})^2 \cdot \frac{1}{3}x^3]_0^{13} = \frac{325}{12}\pi \approx 85{,}08$

197 4. a) $f(x) = a\sqrt{x}$, $P(9|4) \Rightarrow 4 = 3a \Rightarrow f(x) = \frac{4}{3}\sqrt{x}$

b) $V_P = \pi\int_0^9 \frac{16}{9}x\,dx = \pi[\frac{8}{9}x^2]_0^9 = 72\pi\ m^3$

$$V_G = V_P + V_{Zyl.} + V_{HK} = 72\pi + 16\cdot 30\cdot\pi + \frac{1}{2}\cdot\frac{4}{3}\pi\cdot 64 \approx 1868{,}20m^3$$

5. a) $f(x) = 2\sqrt{\frac{x}{3}}$

b) $V = 4\pi\cdot 4 - 4\pi\int_0^3 \frac{x}{3}dx = 4\pi\cdot 4 - 4\pi[\frac{1}{6}x^2]_0^3 = 10\pi \approx 31{,}42$

c) $10\pi = 4\pi\cdot h$ gilt für $h = 2{,}5$
Die Flüssigkeit steht bis zur Marke $x = 1{,}5$.

198 6. a) $V = \pi\int_0^1 x\,dx - \pi\int_0^1 x^4 dx = \pi[\frac{1}{2}x^2 - \frac{1}{5}x^5]_0^1 = 0{,}3\pi \approx 0{,}94$

b) $V_1 = \pi\int_0^1 9dx - \pi\int_0^1 (3-2x^2)^2 dx = \pi[4x^3 - \frac{4}{5}x^5]_0^1 = 3{,}2\pi$

$$V_2 = \pi\int_1^3 9dx - \pi\int_1^3 x^2 dx = \pi[9x - \frac{1}{3}x^3]_1^3 = \frac{28}{3}\pi$$

$$V = V_1 + V_2 = \frac{188}{15}\pi \approx 39{,}37$$

7. a) $V=\pi\int_0^4\left(\frac{1}{4}x^2+x+1\right)dx=\pi\left[\frac{1}{12}x^3+\frac{1}{2}x^2+x\right]_0^4=\frac{52}{3}\pi\approx 54{,}45$ 199

b) $V=\pi\int_1^4\frac{1}{x^4}dx=\pi\left[-\frac{1}{3}\cdot\frac{1}{x^3}\right]_1^4\approx 1{,}03$

c) $V=\frac{\pi}{9}\int_1^2(x^6+4x^4+4x^2)dx=\frac{\pi}{9}\left[\frac{1}{7}x^7+\frac{4}{5}x^5+\frac{4}{3}x^3\right]\approx 18{,}25$

d) $V=\pi\int_2^{10}\frac{1}{x^4}dx=\pi\left[-\frac{1}{3}\cdot\frac{1}{x^3}\right]_2^{10}\approx 0{,}13$

e) $V=\pi\int_0^3(x+1)dx=\pi\left[\frac{1}{2}x^2+x\right]_0^3=7{,}5\pi\approx 23{,}56$

f) $V=\pi\int_1^6\frac{36}{x^2}dx=\pi\left[-\frac{36}{x}\right]_1^6=30\pi\approx 94{,}25$

8. a) Schnittstellen: $x=1$ und $x=4$

b) $V=\pi\int_1^4(5-x)^2dx-\pi\int_1^4\frac{16}{x^2}dx$

$=\pi\left[-\frac{1}{3}(5-x)^3\right]_1^4-\pi\left[-\frac{16}{x}\right]_1^4=\pi\left(-\frac{1}{3}+\frac{64}{3}\right)-12\pi\approx 28{,}27$

9. $V=\pi\int_1^3(x^2+6x+9)dx-\pi\int_1^3\frac{1}{9}x^4dx$

$=\pi\left[\frac{1}{3}x^3+3x^2+9x\right]_1^3-\pi\left[\frac{1}{45}x^5\right]_1^3=\frac{152}{3}\pi-\frac{243}{45}\pi\approx 142{,}21$

10. $V=\pi\int_0^4 4dx-\pi\int_0^4\frac{1}{4}x^2dx=\pi[4x]_0^4-\pi\left[\frac{1}{12}x^3\right]_0^4=16\pi-\frac{16}{3}\pi=\frac{32}{3}\pi\approx 33{,}51$

11. $V=\pi\int_0^2 x^2dx+\pi\int_2^{\sqrt{6}}(36-12x^2+x^4)dx=\pi\left[\frac{1}{3}x^3\right]_0^2+\pi\left[36x-4x^3+\frac{1}{5}x^5\right]_2^{\sqrt{6}}\approx 10{,}36$

12. a) $V=\pi\int_1^4 x\,dx=\pi\left[\frac{1}{2}x^2\right]_1^4=7{,}5\pi$

b) $V_{1/2}=\pi\int_1^u x\,dx=\pi\left[\frac{1}{2}x^2\right]_1^u=\frac{u^2-1}{2}\pi=\frac{15}{4}\pi,\quad u=\sqrt{\frac{17}{2}}\approx 2{,}92$

199 13. $V_1 = \pi\int_0^1 9dx - \pi\int_0^1 (9-6x+x^2)dx = \pi[9x]_0^1 - \pi[9x-3x^2+\frac{1}{3}x^3]_0^1 = \frac{8}{3}\pi \approx 8{,}38$

$V_2 = \pi\int_1^3 9dx - \pi\int_1^3 (\frac{1}{16}(x-1)^4+(x-1)^2+4)dx = \pi[9x]_1^3 - \pi[\frac{1}{80}(x-1)^5+\frac{1}{3}(x-1)^3+4x]_1^3$

$= 18\pi - \frac{166}{15}\pi \approx 21{,}78$

$V = V_1 + V_2 \approx 30{,}16$

2. Allgemeine Volumenformeln

201 1. a) Die Abbildung stellt einen Querschnitt längs der Mittelachse eines Zylinders dar. Der Zylinder besitzt den Radius r und die Höhe h.

b) $V = \pi\int_0^h r^2 dx = [\pi r^2 \cdot x]_0^h = \pi r^2 h$

2. $V = \pi\int_{r-h}^{r} (\sqrt{r^2-x^2})^2 dx = \pi[r^2x - \frac{1}{3}x^3]_{r-h}^{r}$

$= \pi(\frac{2}{3}r^3 - r^2(r-h) + \frac{1}{3}(r-h)^3) = \frac{\pi}{3}h^2(3r-h)$

3. $V = 2\pi\int_0^a b^2(1-\frac{x^2}{a^2})dx = 2\pi[b^2(x-\frac{x^3}{3a^2})]_0^a = \frac{4}{3}ab^2 \cdot \pi$

4. a) Ansatz: $f(x) = mx$, es gilt $m = \frac{R-r}{h}$.

b) $f(a) = \frac{R-r}{h}a = r \Rightarrow a = \frac{r \cdot h}{R-r}$

$f(b) = \frac{R-r}{h}b = R \Rightarrow b = \frac{R \cdot h}{R-r}$

c) $V = \pi\int_{\frac{r\cdot h}{R-r}}^{\frac{R\cdot h}{R-r}} (\frac{R-r}{h}x)^2 dx = \pi\cdot(\frac{R-r}{h})^2 [\frac{1}{3}x^3]_{\frac{r\cdot h}{R-r}}^{\frac{R\cdot h}{R-r}} = \frac{\pi}{3}\cdot\frac{(R-r)^2}{h^2}(\frac{R^3h^3}{(R-r)^3} - \frac{r^3h^3}{(R-r)^3})$

$= \frac{\pi(R^3-r^3)h}{3(R-r)} = \frac{\pi}{3}h(R^2+Rr+r^2)$

5. $f(x) = ax^2+R$, $f(\frac{h}{2}) = a\frac{h^2}{4}+R = r \Rightarrow a = 4\cdot\frac{r-R}{h^2}$, $f(x) = 4\cdot\frac{r-R}{h^2}x^2+R$

$V = 2\pi\int_0^{h/2} (16\frac{(r-R)^2}{h^4}x^4 + 8R\frac{r-R}{h^2}x^2 + R^2)dx = 2\pi[16\frac{(r-R)^2}{5h^4}x^5 + 8R\frac{r-R}{3h^2}x^3 + R^2x]_0^{h/2}$

$= 2\pi(\frac{(r-R)^2}{10}h + R\frac{r-R}{3}h + R^2\frac{h}{2}) = \frac{\pi h}{15}(8R^2+4rR+3r^2)$

6. $f_1(x) = \sqrt{10} \cdot \sqrt{x}, \quad f_2(x) = 10 \cdot \sqrt{11-x}$ 202

$$V = \pi \int_0^{10} 10x\,dx + \pi \int_{10}^{11} 100(11-x)\,dx = \pi[5x^2]_0^{10} + \pi[1100x - 50x^2]_{10}^{11} = 550\pi \approx 1727{,}88\text{cm}^3$$

7. a) Es soll $f_1(-3) = 0$ und $f_1(0) = 2$ gelten. Dann beschreibt f_1 in etwa das linke obere Eiprofil. 203
Es gilt $a = \frac{2}{\sqrt{3}}$.

b) $V = 2\pi \int_{-3}^{0} \frac{4}{3}(x+3)\,dx = 2\pi[\frac{4}{3}(\frac{1}{2}x^2 + 3x)]_{-3}^{0} = 12\pi \approx 37{,}70$

c) Das Eivolumen erscheint hier kleiner als im obigen Beispiel.
Der Graph der Wurzelfunktion verläuft im 2. Quadranten unterhalb der Ellipse; insbesondere verläuft er bei $x = 0$ nicht waagerecht.
Die Graphen der Wurzelfunktionen treffen bei $x = 0$ mit unterschiedlichen Steigungen aufeinander, sie bilden dort einen deutlichen Knick.

8. a) $f(x) = \sqrt{\frac{8}{3}x}$ 204

b) $V = \pi \int_0^6 \frac{8}{3}x\,dx = \pi[\frac{4}{3}x^2]_0^6 = \frac{144}{3}\pi \approx 150{,}80$

c) $\pi[\frac{4}{3}x^2]_0^u = \frac{4u^2}{3}\pi = 100, \quad u \approx 4{,}89$

9. a) Schätzung: $V \approx 2{,}4 \cdot 0{,}25 \cdot 3 = 1{,}8\text{m}^3$

b) $\sqrt{0{,}4a} = 0{,}5, \quad a = 0{,}625, \quad f(x) = \sqrt{0{,}625x}$

c) $V = \pi \int_0^{0,4} 0{,}625x\,dx = \pi[0{,}3125x^2]_0^{0,4} \approx 0{,}1571$

Volumen des oberen Teils: $V_{oben} = 0{,}5^2\pi \cdot 2 \approx 1{,}5708$

$V_{gesamt} \approx 1{,}7279\text{m}^3$

d) $1728 : 2 = 864\text{s} = 14{,}4\,\text{min}$

e) $V = \pi \int_0^u 0{,}625x\,dx = \pi[0{,}3125x^2]_0^u = 0{,}3125u^2 \cdot \pi \approx \frac{0{,}1571}{2} = 0{,}07855, \quad u \approx 0{,}283$

Das Spülmittel steht ca. 28,3cm über dem tiefsten Punkt.

204 10. a) $V_4 = \pi\int_1^4 \frac{4}{x^2}dx = \pi[-\frac{4}{x}]_1^4 = 3\pi \approx 9,42$

b) $V_u = \pi\int_1^u \frac{4}{x^2}dx = \pi[-\frac{4}{x}]_1^u = (4-\frac{4}{u})\pi \to 4\pi$ für $u \to \infty$

c) $V_u = (4-\frac{4}{u})\pi = 4, \quad u \approx 1,47$

d) $V = \pi\int_1^v \frac{4}{x^2}dx = \pi[-\frac{4}{x}]_1^v = (4-\frac{4}{v})\pi \approx \frac{9,42}{2} = 4,71, \quad v = 1,60$

205 11. a) $V_1 = \pi\int_{-1}^4 (\frac{1}{64}x^4 + \frac{1}{2}x^2 + 4)dx = \pi[\frac{1}{320}x^5 + \frac{1}{6}x^3 + 4x]_{-1}^4 \approx 106,93$

$V_2 = \pi\int_4^5 16dx = \pi[16x]_4^5 = 16\pi \approx 50,27, \quad V = V_1 + V_2 \approx 157,20$

b) $g(x) = x - 1 = 2, \ x = 3, \ h = 2, \ V = 4\pi \cdot 2 = 8\pi \approx 25,13$
Ersparnis: ca. $25,13cm^3$

c) $V(x) = (x-1)^2 \cdot \pi \cdot (5-x) = \pi \cdot (-x^3 + 7x^2 - 11x + 5)$

$V'(x) = \pi \cdot (-3x^2 + 14x - 11) = 0, \quad x = \frac{11}{3} \ (x = 1)$

$V_{max} = (\frac{11}{3} - 1)^2 \pi \cdot (5 - \frac{11}{3}) \approx 29,79$

Der optimale Durchmesser beträgt $\frac{16}{3}$ cm. Ersparnis: ca. $29,79cm^3$.

12. a)

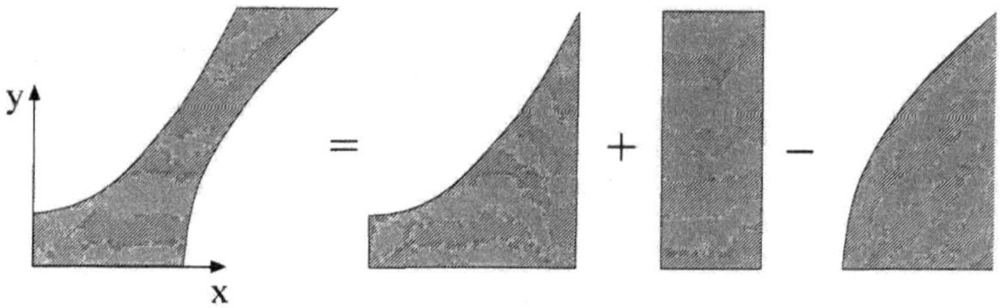

$A = 2(\int_0^4 (\frac{1}{4}x^2 + 1)dx + 10 - \int_3^6 5\sqrt{\frac{x}{3} - 1}dx)$

$= 2([\frac{1}{12}x^3 + x]_0^4 + 10 - [10(\frac{x}{3} - 1)^{\frac{3}{2}}]_3^6 = 2(\frac{28}{3} + 10 - 10) = \frac{56}{3} \approx 18,67m^2$

b) $V = \pi\int_3^6 25(\frac{x}{3} - 1)dx = 25\pi[\frac{x^2}{6} - x]_3^6 = \frac{75}{2}\pi \approx 117,81m^3$

c) $50 = 25\pi[\frac{x^2}{6} - x]_3^u = 25\pi(\frac{u^2}{6} - u + 1,5), \quad u^2 - 6u + 9 - \frac{2}{\pi} = 0, \quad u \approx 4,95$
Im Brunnen steht das Wasser 1,95m hoch.

d) $V_1 = \pi\int_0^4 (\frac{x^4}{16} + \frac{x^2}{2} + 1)dx = \pi[\frac{x^5}{80} + \frac{x^3}{6} + x]_0^4 \approx 27,47\pi$

$V_2 = 25\pi \cdot 2 = 50\pi, \quad V_3 = \frac{75}{2}\pi$ (s.b))

$V = V_1 + V_2 - V_3 \approx 39,97\pi \approx 125,57m^3$

13. a) $V = 300\pi + \pi\int\limits_3^{15} \frac{900}{x^2}dx = 300\pi + \pi[-\frac{900}{x}]_3^{15} = 540\pi$ 205

Das gesamte Zelt hat ein Volumen von ca. 1696,46m^2.

b) $V_{10} = \pi[-\frac{900}{x}]_{10}^{15} = 30\pi$, $\frac{30}{540} \approx 5{,}56\%$

c) $V = 200\pi + \pi\int\limits_2^{10} \frac{400}{x^2}dx = 200\pi + \pi[-\frac{400}{x}]_2^{10} = 360\pi$, $\frac{360}{540} = \frac{2}{3}$

Das Volumen ist um $\frac{1}{3}$ bzw. ca. 33% gesunken.

1. $V = \int\limits_0^b \frac{ah}{2}dx = [\frac{ah}{2}x]_0^b = \frac{ahb}{2}$ 207

2. $V = \int\limits_0^{15}(9\pi + 4x)dx = [9\pi x + 2x^2]_0^{15} \approx 874{,}12$

3. Die Höhe h des Tetraeders steht senkrecht auf dem Schwerpunkt der Grundfläche.

Für die Seitenhalbierenden der Grundfläche gilt: $s = \sqrt{a^2 - (\frac{a}{2})^2} = \frac{a}{2}\sqrt{3}$.

Sie teilen sich wie 2:1. Mittels Pythagoras errechnet sich die Tetraederhöhe:

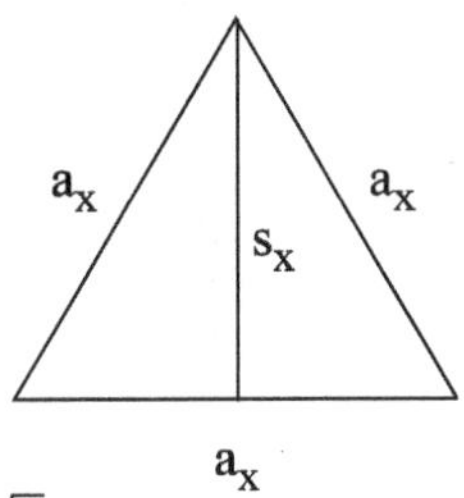

$h = \sqrt{a^2 - (\frac{2}{3}s)^2} = \sqrt{a^2 - \frac{1}{3}a^2} = a\sqrt{\frac{2}{3}}$.

$\frac{x}{a\sqrt{\frac{2}{3}}} = \frac{s_x}{\frac{a}{2}\sqrt{3}} \Rightarrow s_x = \frac{3x}{2\sqrt{2}} \Rightarrow a_x = \frac{2}{\sqrt{3}} \cdot s_x = \frac{\sqrt{3}}{\sqrt{2}}x$

$Q(x) = \frac{a_x^2}{4} \cdot \sqrt{3} = \frac{3}{2}x^2 \cdot \frac{\sqrt{3}}{4} = \frac{3\sqrt{3}}{8} \cdot x^2$

$V = \int\limits_0^{a\sqrt{\frac{2}{3}}} \frac{3\sqrt{3}}{8} \cdot x^2 dx = 3\frac{\sqrt{3}}{8}[\frac{1}{3}x^3]_0^{a\sqrt{\frac{2}{3}}} = \frac{\sqrt{3}}{8} \cdot a^3 \cdot (\sqrt{\frac{2}{3}})^3 = \frac{1}{12} \cdot a^3 \cdot \sqrt{2}$

Test

208 1. a) $V = \pi\int_0^2 5x^4dx = \pi[x^5]_0^2 = 32\pi \approx 100,53$

b) $V = a^5\pi = \frac{32\pi}{4}, \quad a = \sqrt[5]{8} \approx 1,52$

2. $f = g$: $x = 0$; $x = 9$

$$V = \pi\int_0^9 xdx - \pi\int_0^9 \frac{1}{9}x^2dx = \frac{\pi}{2}[x^2]_0^9 - \frac{\pi}{27}[x^3]_0^9 \approx 42,41$$

3. a) $f(0) = 3$, $b = 9$

$f(10) = 6$, $\sqrt{10a+9} = 6$, $a = 2,7$

$f(x) = \sqrt{2,7x+9}$

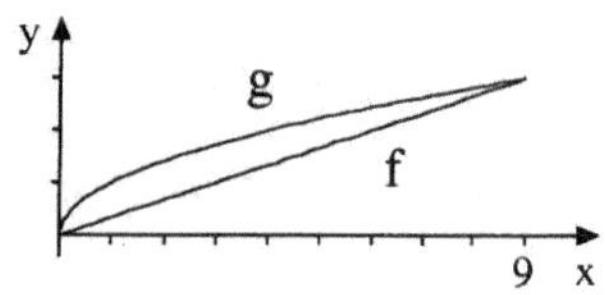

b) $V = \pi\int_0^8 (2,7x+9)dx = \pi[1,35x^2 + 9x]_0^8 = 158,4\pi \approx 497,63\text{cm}^3$

4. a) $V = \pi\int_1^4 \frac{16}{x^2}dx = \pi[-\frac{16}{x}]_1^4 = 12\pi \approx 37,70$

b) $V = [-\frac{16}{x}]_1^a = 8, \quad 16 - \frac{16}{a} = 8, \quad a = 2$

VII. Komplexe Aufgaben
1. Ganzrationale Funktionen

1. a) Nullstellen: $x = 0$ (doppelte) und $x = 9$ 211

c)

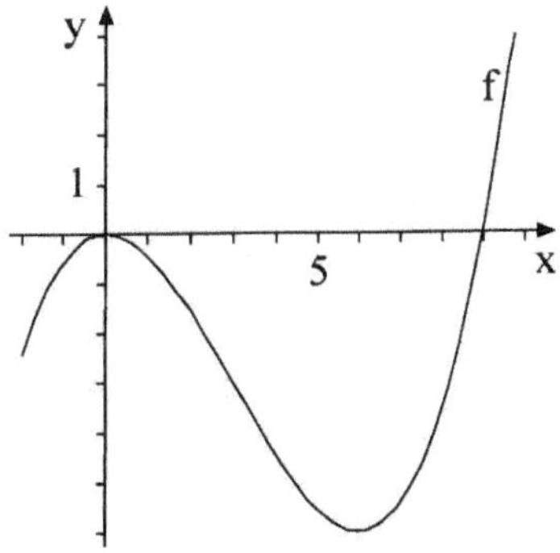

b) $f'(x) = \frac{1}{6}x^2 - x$, $f''(x) = \frac{1}{3}x - 1$, $f'''(x) = \frac{1}{3}$

Extrema: $f'(x) = 0$ für $x = 0$ und $x = 6$

$f''(0) = -1 < 0$, $H(0|0)$

$f''(6) = 1 > 0$, $T(6|-6)$

Wendepunkt: $f''(x) = 0$: $x = 3$; $W(3|-3)$

d) $\int_0^9 f(x)dx = [\frac{1}{72}x^4 - \frac{1}{6}x^3]_0^9 = -30{,}375$

Der Querschnitt beträgt 30,375 m^2.

e) Ab dem Schnittpunkt der Wendetangente mit der y–Achse.

Wendetangente: $t(x) = f'(3)(x-3) + f(3)$

$t(x) = -1{,}5x + 1{,}5$

Ab einer Höhe von 1,5 m über dem Punkt H ist der gesamte Kanalgrund einsehbar.

f) Wendenormale: $n(x) = -\frac{1}{f'(3)}(x-3) + f(3) = \frac{2}{3}x - 5$

$P(9|0)$, $n(9) = 1 > 0$, also liegt P unterhalb von n.

2. a) $f(x) = b - ax^4$, $f(0) = 4$: $b = 4$

$f(2) = 4 - 16a = 0$: $a = 0{,}25$, Resultat: $f(x) = 4 - 0{,}25x^4$

$h_1(x) = a(x-x_1)^2 + y_1$ mit $S(-8|5)$ folgt $h_1(x) = a(x+8)^2 + 5$

Mit $h_1(-3) = 0$ folgt $25a + 5 = 0$, also $a = -0{,}2$.

Resultat: $h_1(x) = -0{,}2(x+8)^2 + 5$ analog $h_2(x) = -0{,}2(x-8)^2 + 5$

b) $f(1) = 3{,}75$ abzüglich 0,5 Toleranz ergibt 3,25: 3,25 m muss auf das Schild.

c) $f(1{,}5) \approx 2{,}73 > 2{,}7$, die Durchfahrt könnte knapp gelingen.

d) Querschnitt:

$\int_0^2 f(x)dx = [4x - \frac{1}{20}x^5]_0^2 = 6{,}4$: Der Torbogenquerschnitt beträgt 12,8m^2.

$\int_3^8 h_2(x)dx = [-\frac{1}{15}(x-8)^3 + 5x]_3^8 = \frac{50}{3}$:

Die Böschungen haben zusammen einen Querschnitt von $\frac{100}{3}m^2$.

Die Brücke hat einen Querschnitt von $16 \cdot 6 - 12{,}8 - \frac{100}{3} \approx 49{,}87m^2$.

Mit 4m Breite ergibt das ein Volumen von $199{,}47 \approx 200m^3$.

e) $h_1'(x) = -\frac{2}{5}(x+8) = -1$ gilt für $x = -5{,}5$.

Die linke Böschung hat bei $x = -5{,}5$ 45° Steigung, analog rechts bei $x = 5{,}5$.

211 3. a) Nullstellen: $(\frac{1}{12a}x^2 - x + 3a)x = 0$, $x^2 - 12ax + 36a^2 = 0$

gilt für x = 0 und x = 6a (doppelte)

$f_a'(x) = \frac{1}{4a}x^2 - 2x + 3a$, $f_a''(x) = \frac{1}{2a}x - 2$, $f_a'''(x) = \frac{1}{2a}$

$f_a'(x) = 0$ gilt für x = 2a und x = 6a

$f_a''(2a) = -1 < 0$, $H(2a|\frac{8}{3}a^2)$, $f_a''(6a) = 1 > 0$, $T(6a|0)$

b) Für den Inhalt des Dreiecks gilt:

$A(z) = \frac{1}{2}z \cdot f(z) = \frac{1}{2}(\frac{1}{12}z^4 - z^3 + 3z^2)$, $A'(z) = \frac{1}{2}(\frac{1}{3}z^3 - 3z^2 + 6z)$

$A'(z) = 0$: $\frac{1}{3}z(z^2 - 9z + 18) = 0$ gilt für z = 0, z = 3 und z = 6

$A''(z) = 0{,}5(z^2 - 6z + 6)$, $A''(3) = -3 < 0$ also Maximum bei z = 3, P(3|2,25)

c) Ansatz: $t(x) = f'(4a)(x-4a) + f(4a) = -ax + \frac{16}{3}a^2$

Achsenschnittpunkte: $y = \frac{16}{3}a^2$, $x = \frac{16}{3}a$

Inhalt des Dreiecks: $A = \frac{x \cdot y}{2} = \frac{128}{9}a^3 = 384$ gilt für a = 3

d) $A = \int_0^{6a} f_a(x)dx = [\frac{1}{48a}x^4 - \frac{1}{3}x^3 + \frac{3a}{2}x^2]_0^{6a} = 9a^3$

212 4. a) $f(x) = 0$ für $x = \pm\sqrt{3}$ und $x = \pm 1$

b) $f'(x) = 2x^3 - 4x$, $f''(x) = 6x^2 - 4$, $f'''(x) = 12x$

Extrema: $f'(x) = 0$ für x = 0 und $x = \pm\sqrt{2}$

$f''(0) = -4 < 0$, H(0|1,5)

$f''(\pm\sqrt{2}) = 8 > 0$, $T_1(-\sqrt{2}\,|-0{,}5)$, $T_2(\sqrt{2}\,|-0{,}5)$

Wendepunkte: $f''(x) = 0$ für $x = \pm\sqrt{\frac{2}{3}}$

$f'''(-\sqrt{\frac{2}{3}}) < 0$, LRWP $W(-\sqrt{\frac{2}{3}}\,|\,\frac{7}{18})$, $f'''(\sqrt{\frac{2}{3}}) > 0$, RLWP $W(\sqrt{\frac{2}{3}}\,|\,\frac{7}{18})$

c)

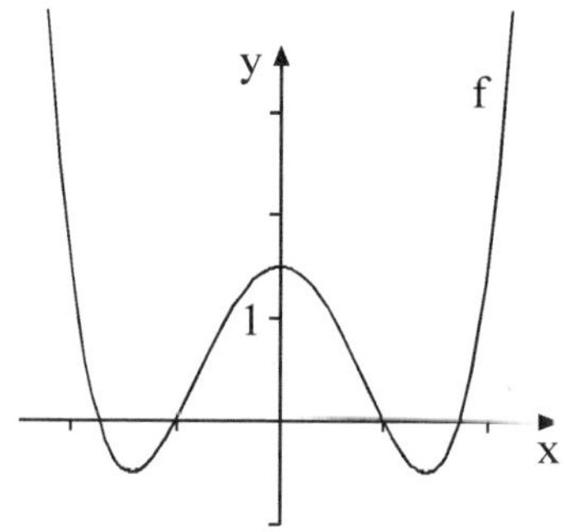

d) $\int_0^1 f(x)dx = [\frac{1}{10}x^5 - \frac{2}{3}x^3 + 1{,}5x]_0^1 = \frac{14}{15}$

Die markierte Fläche hat einen Inhalt von $\frac{28}{15} \approx 1{,}87$FE.

e) Links von T_1 ist f linksgekrümmt und berührt die Tangente bei $x = -\sqrt{3}$.
Bis dort ist also die Nullstelle der einzige gemeinsame Punkt.
Rechts von T_1 ist $t(x) < -0{,}5$ und damit kleiner als das absolute Minimum von f.
Daher hat die linke Nullstellentangente genau einen Punkt mit f gemeinsam.
Das gleiche gilt wegen der Symmetrie auch für die rechte Nullstellentangente.
Tangente bei x = -1: t(x) = 2x +2
Bis zum linken Wendepunkt ist f linksgekrümmt und hat daher mit t nur die Nullstelle x = -1 gemeinsam.
Ab dem linken Wendepunkt ist f rechtsgekrümmt und es gilt f(0) = 1,5 < t(0) = 2.
D.h. zwischen Wendepunkt und x = 0 schneiden sich Tangente und f.
Bis zur rechten Nullstelle von f gilt offensichtlich f(x) < t(x). Wegen der Linkskrümmung von f müssen sich f und t danach nochmals schneiden, d.h. es gibt 3 gemeinsame Punkte.

f) $t_{-1}(x) = 2x + 2$, $t_1(x) = -2x + 2$, Schnittpunkt: S(0|2) 212
Steigungswinkel α von t_{-1}: $\tan\alpha = 2$, $\alpha \approx 63{,}4°$
Steigungswinkel β von t_1: $\tan\beta = -2$, $\beta \approx 116{,}6°$
Schnittwinkel $\gamma \approx 53{,}2°$

5. a) Nullstellen: x = 0 und x = 3

b) $f(x) = \frac{1}{6}x^3 - x^2 + \frac{3}{2}x$, $f'(x) = \frac{1}{2}x^2 - 2x + \frac{3}{2}$

$f''(x) = x - 2$, $f'''(x) = 1$

Extrema: $f'(x) = 0$ für x = 1 und x = 3

$f''(1) = -1 < 0$, $H(1|\frac{2}{3})$

$f''(3) = 1 > 0$, $T(3|0)$

Wendepunkt: $f''(x) = 0$ für x = 2

$f'''(2) = 1$, RLWP $W(2|\frac{1}{3})$

c)

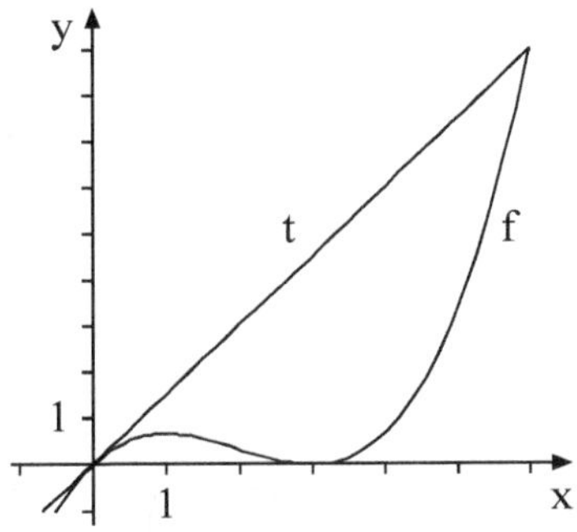

d) $t(x) = f'(0)(x-0) + 0 = 1{,}5x$

e) $A = \int_0^6 (t(x) - f(x))dx = [-\frac{1}{24}x^4 + \frac{1}{3}x^3]_0^6 = 18$

Die von f und t eingeschlossene Fläche hat den Inhalt 18 FE.

f) Das maximale Gefälle befindet sich im Wendepunkt.
$f'(2) = -0{,}5$: Das maximale Gefälle beträgt $-0{,}5$.
Die Turmhöhe müsste oberhalb der Wendetangente befinden.

Wendetangente: $t(x) = -0{,}5(x-2) + \frac{1}{3} = -\frac{1}{2}x + \frac{4}{3}$, $t(1) = \frac{5}{6}$

Die Blickhöhe müsste sich mindestens $\frac{5}{6}$ LE hoch sein, das sind 83,3 m.

Höhe des Berges: 66,7 m. Damit muss der Turm ca. 16,6 m hoch sein.

6. a) Der Durchmesser beträgt $f(4) - g(4) = 4$ dm.

b) $|PQ| = f(x) - g(x) = 6 - \frac{1}{8}x^2 = 5$, $x = \sqrt{8}$

Der Abstand zum Fassboden beträgt $4 - \sqrt{8} \approx 1{,}17$ dm.

c) $f'(x) = -\frac{1}{8}x$, $f'(\sqrt{8}) = -\frac{1}{\sqrt{8}} \approx -0{,}35$, $\alpha \approx 160{,}7°$ ist der Steigungswinkel.

d) $V = 2\pi\int_0^4 (9 - \frac{3}{8}x^2 + \frac{1}{256}x^4)dx = 2\pi[9x - \frac{1}{8}x^3 + \frac{1}{1280}x^5]_0^4 = 2\pi(36 - 8 + \frac{4}{5}) \approx 180{,}96 m^3$

e) $V = \frac{h}{15} \cdot \pi \cdot (8R^2 + 4Rr + 3r^2) = \frac{8}{15} \cdot \pi \cdot (8 \cdot 9 + 4 \cdot 3 \cdot 2 + 3 \cdot 4) = \frac{288}{5}\pi \approx 180{,}96$

2. Exponentialfunktionen

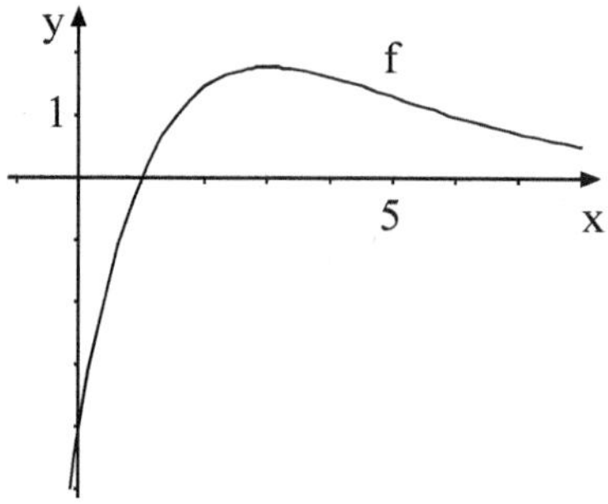

214 1. a) $x_0 = 1$

b) $f'(x) = 4(-\frac{1}{2}x + 1{,}5)e^{-0{,}5x} = -2(x-3)e^{-0{,}5x}$

$f''(x) = (x-5)e^{-0{,}5x}$

$f'(x) = 0: \quad x = 3, \quad f''(3) = -2e^{-1{,}5} < 0 \quad H(3\,|\,1{,}79)$

Nach 3 Stunden ist der Blutalkoholgehalt mit ca. 1,79 Promille am größten.
Die Nullstelle $x = 1$ suggeriert, dass man 1h nach dem Genuss des Weins noch 0,0 Promille hat und erst danach der Anstieg in den problematischen Bereich erfolgt. Die anderen Merkmale (Steigen bis zum Hochpunkt, allmähliches Abklingen) passen.

c) $F'(x) = -8e^{-0{,}5x} + 4(x+1)e^{-0{,}5x} = 4(x-1)e^{-0{,}5x} = f(x)$

d) $A(x) = 4(x^2 - x)e^{-0{,}5x}$, $A'(x) = 4(-0{,}5x^2 + 2{,}5x - 1)e^{-0{,}5x}$
$A'(x) = 0$: $x^2 - 5x + 2 = 0$, $x = 4{,}56$ $(0{,}44)$; Eckpunkt $P(4{,}56|1{,}46)$

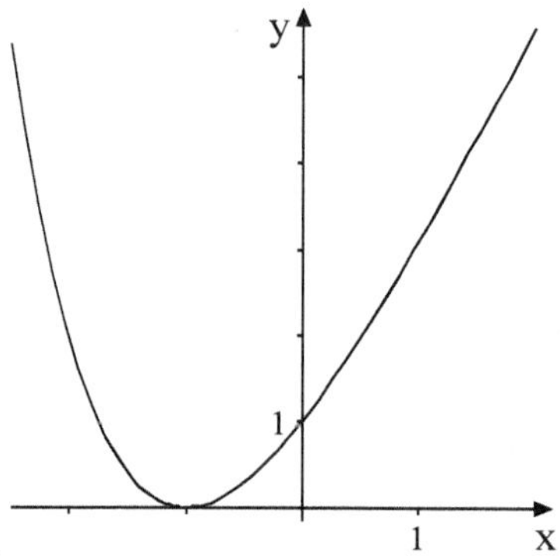

2. a) $f'(x) = e - e^{-x}$, $f''(x) = e^{-x}$, $f'''(x) = -e^{-x}$
Extrema: $f'(x) = 0$: $x = -1$, $f''(-1) = e > 0$, $T(-1|0)$
Wendepunkte: keine

Wegen $\lim\limits_{x\to\infty} e^{-x} = 0$ ist $y = ex$ Asymptote von $f(x)$.

b) $g'(x) = 2ax + b$
I. $f(0) = g(0)$: $\quad 1 = c$
II. $f(-1) = g(-1)$: $0 = a - b + 1$, $\quad 0 = -a + 1$, $a = 1$
III. $f'(-1) = g'(-1)$:
$0 = -2a + b$, $b = 2$, $g(x) = x^2 + 2x + 1$

c) $A_f = \int_{-1}^{0} f(x)dx = [\frac{1}{2}ex^2 - e^{-x}]_{-1}^{0} = -1 - \frac{1}{2}e + e \approx 0{,}359$

$A_g = \int_{-1}^{0} g(x)dx = [\frac{1}{3}x^3 + x^2 + x]_{-1}^{0} = \frac{1}{3} - 1 + 1 = \frac{1}{3} \approx 0{,}333$

A_g ist um ca. 7,2% kleiner als A_f.

a)

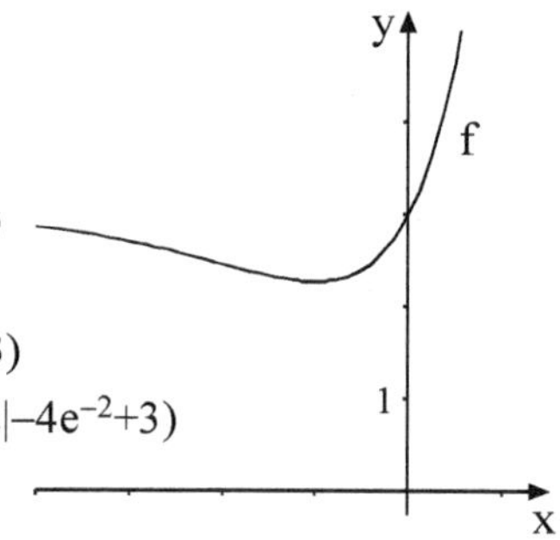

216 3. b) $f'(x) = (2x+2)e^x$, $f''(x) = (2x+4)e^x$
$f'''(x) = (2x+6)e^x$
Extrema: $f'(x) = 0$: $x = -1$, $f''(-1) = 2e^{-1} > 0$, $T(-1|-2e^{-1}+3)$
Wendepunkte: $f''(x) = 0$: $x = -2$, $f'''(-2) = 2e^{-2} \neq 0$, $W(-2|-4e^{-2}+3)$

$\lim\limits_{x\to-\infty} f(x) = 3$, $\quad \lim\limits_{x\to\infty} f(x) = \infty$

c) $F'(x) = 2(x-1+1)e^x + 3 = f(x)$
$A = F(1) - F(0) = 3 - (-2) = 5$

d) Die Ursprungsgerade $y = 5x$ schneidet aus A eine Dreiecksfläche heraus. 216

Für den Inhalt dieses Dreiecks gilt: $A_D = \frac{g\cdot h}{2} = \frac{1\cdot 5}{2} = 2,5$.

Das ist genau die Hälfte des Inhalts von A.

e) $f'(0) = 2$, $\alpha = \tan^{-1}(2) \approx 63,4°$

Schnittwinkel mit der y-Achse: $\gamma = 90° - \alpha \approx 26,6°$

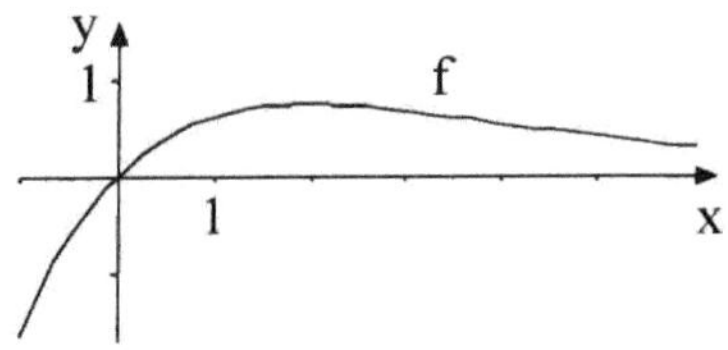

4. a) $x_0 = 0$

$f'(x) = (-0,5x+1)e^{-0,5x}$, $f''(x) = (0,25x-1)e^{-0,5x}$

$f'''(x) = (-\frac{1}{8}x + \frac{3}{4})e^{-0,5x}$

Extrema: $f'(x) = 0$: $x = 2$

$f''(2) = -0,5e^{-1} < 0$, $H(2|2e^{-1})$

Wendepunkte: $f''(x) = 0$: $x = 4$

$f'''(4) = \frac{1}{4}e^{-2} \neq 0$, $W(4\,|\,4e^{-2}) \approx W(4\,|\,0,54)$, $\lim\limits_{x\to\infty} f(x) = 0$, $\lim\limits_{x\to-\infty} f(x) = -\infty$

b) $F'(x) = (-\frac{a}{2}x - \frac{b}{2} + a)e^{-0,5x} = xe^{-0,5x} \Rightarrow a = -2$, $b = -4$, $F(x) = (-2x-4)e^{-0,5x} + C$

c) $A = \int_0^7 f(x)dx = [-(2x+4)e^{-0,5x}]_0^7 = -18e^{-3,5} + 4 \approx 3,46$

d) $T(x) = 4xe^{-0,5x} + 36,6$, $G(x) = -4(2x+4)e^{-0,5x} + 36,6x$

$\overline{T} = \frac{G(7)-G(0)}{7} = \frac{-72e^{-3,5}+256,2+16}{7} \approx 38,58°$

Ende Tag 10: $T(10) \approx 36,87°$

Der Volksmund hat hier Recht.

5. b) $e^{0,5x-1} = e^{0,25-0,75x}$ 217

$0,5x - 1 = 0,25 - 0,75x$, $x = 1$

$S(1|e^{-0,5}) = S(1|0,61)$

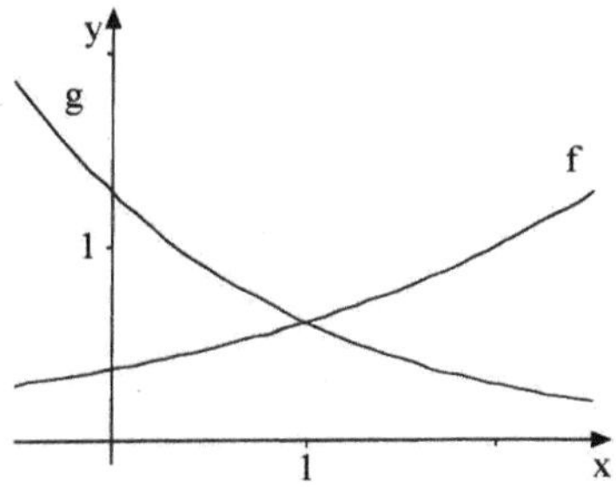

c) $x = 1$ liegt in der Mitte:

linker Rand bei $x = -0,5$, rechter Rand bei $x = 2,5$

$g(-0,5) \approx 1,87$, $g(2,5) \approx 0,20$, $f(-0,5) \approx 0,29$

Höhe: 1,67m

$A = 3\cdot 1,67 - \int_{-0,5}^{1}(g(x)-f(x))dx - \int_1^{2,5}(f(x)-g(x))dx$

$= 5,01 - [-\frac{4}{3}e^{0,25-0,75x} - 2e^{0,5x-1}]_{-0,5}^{1} - [2e^{0,5x-1} + \frac{4}{3}e^{0,25-0,75x}]_1^{2,5}$

$\approx 5,01 - 1,04 - 0,81 = 3,16$

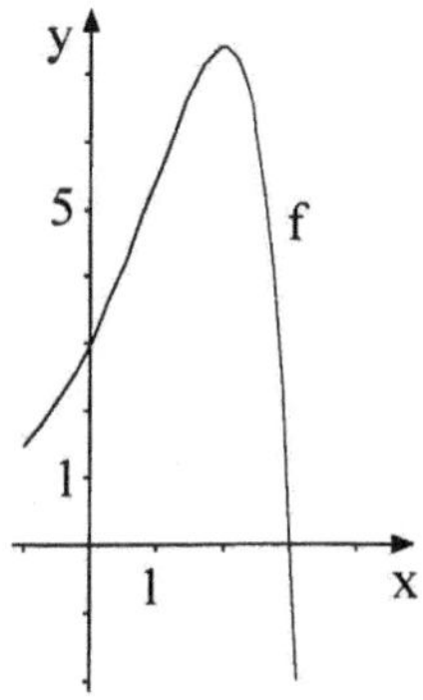

6. a) Nullstelle: $x_0 = 3$

$f'(x) = (2-x)e^x$, $f''(x) = (1-x)e^x$, $f'''(x) = -xe^x$

Extrema: $f'(x) = 0$: $x = 2$, $f''(2) = -e^2 < 0$, $H(2|e^2)$

Wendepunkte: $f''(x) = 0$: $x = 1$, $f'''(1) = -e \neq 0$, $W(1|2e)$

b) $A(x) = 0,5xf(x) = 0,5(3x-x^2)e^x$, $A'(x) = 0,5(x-x^2+3)e^x$

$x^2 - x - 3 = 0$, $x = \frac{1}{2} + \sqrt{3,25} \approx 2,3$, $P(2,3|6,98)$

217 c) $f(x)=(3-x)e^x$, $f'(x)=(2-x)e^x$, $f''(x)=(1-x)e^x$, $F(x)=(4-x)e^x$, Probe: $F'(x)=(4-x-1)e^x=f(x)$
Resultat: $F(x)=(4-x)e^x$

d) $A_1 = \int_0^3 f(x)dx = [(4-x)e^x]_0^3 = e^3 - 4 \approx 16,09$

$A_2 \approx \frac{1}{2}\cdot 3\cdot 3 = 4,5$, $\frac{16,09-4,5}{16,09} \approx 0,72 = 72\%$

7. a) $f(2+x) = e^{2(2+x)-0,5(2+x)^2} = e^{-0,5x^2+2}$, $f(2-x) = e^{2(2-x)-0,5(2-x)^2} = e^{-0,5x^2+2}$
f ist achsensymmetrisch zu $x = 2$.

b) Maximum von g: $g'(x) = 2-x$: $g'(x)=0$: $x=2$
Mit g(x) ist auch f(x) streng monoton steigend (fallend), da die natürliche Exponentialfunktion streng monoton steigend ist. Damit hat f an der gleichen Stelle wir g ein Maximum.

c) $h(x) = 10^6 \cdot e^{2x-0,5x^2}$, $h(0) = 10^6$

$\frac{\Delta h}{\Delta t} = \frac{h(2)-h(0)}{2} = \frac{(7,39-1)\cdot 10^6}{2} \approx 3,2\frac{10^6}{\text{Woche}} \approx 0,46\frac{10^6}{\text{Tag}}$

218 8. a) Y(0|4) und X(2|0)
$x \to \infty$: $f \to -\infty$, $x \to -\infty$: $f \to 0$

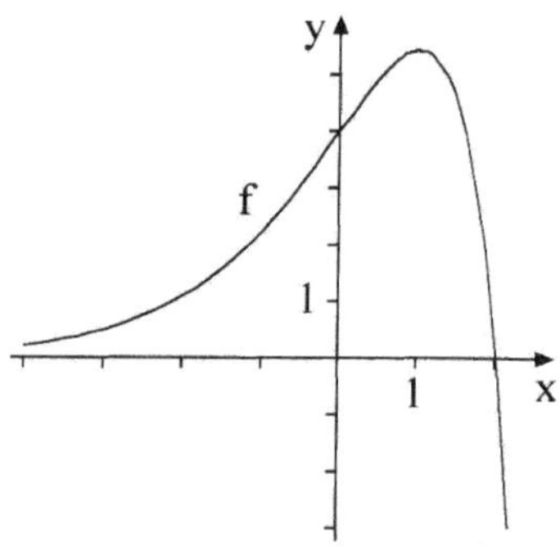

b) $f'(x)=(2-2x)e^x$, $f''(x)=-2xe^x$
Extrema: $f'(x)=0$ für $x=1$
$f''(1)<0$, H(1|2e)
Wendepunkt: $f''(x)=0$ für $x=0$, W(0|4)

c) $F'(x) = (c-2x-2)e^x = (4-2x)e^x$

$\Rightarrow c = 6$, $F(x) = (6-2x)e^x + C$

$$A = \int_0^2 f(x)dx = [(6-2x)e^x]_0^2 = 2e^2 - 6 \approx 8,78$$

d) $f_a'(x) = (4-a-ax)e^x$, $f_a'(-1) = 4e^{-1}$ konstant für alle a, d.h. die Tangenten verlaufen parallel.

e) $A(x) = -xf(x) = -(4x-2x^2)e^x$, $A'(x) = -(4-2x^2)e^x$, $A'(x)=0$ für $x = -\sqrt{2}$ $(\sqrt{2})$

$A(-\sqrt{2}) = (4\sqrt{2}+4)e^{-\sqrt{2}} \approx 2,35$
Die maximal mögliche Grundfläche der Halle beträgt 2,35 ha.

f) Grundstücksgröße: $A = \int_{-4}^{0} f(x)dx = [(6-2x)e^x]_{-4}^0 = 6 - 14e^{-4} \approx 5,74$ ha

60% der Grundstücksgröße sind 3,44 ha.
Das Kriterium wird eingehalten.

9. a) Für $x \to 0+$ geht $f \to \infty$, 218
für $x \to 0-$ geht $f \to -\infty$,
d.h. die y–Achse wird nicht geschnitten.
Der Ansatz $f(x) = 0$ hat keine Lösung,
d.h. die x–Achse wird nicht geschnitten.

b) $f'(x) = -2\frac{x+1}{x^2}e^{-x+1}$, $f'(x) = 0$ für $x = -1$
$P(-1|-2e^2)$

c) $h(x) = 2e^{1-x}$

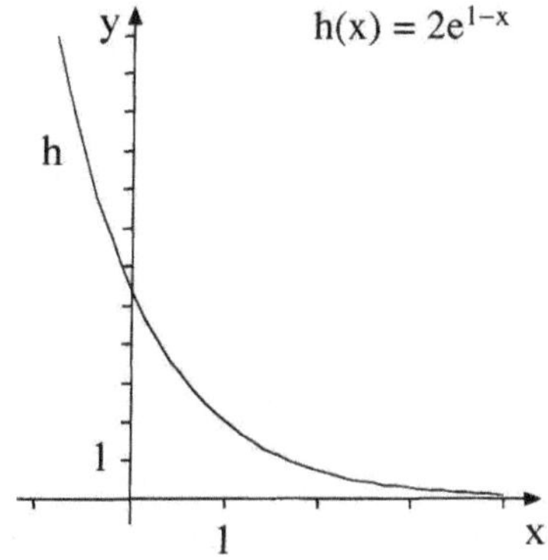

d) $U(u) = 2u + 4e^{-u+1}$, $U'(u) = 2 - 4e^{-u+1}$
$U'(u) = 0$ für $u = 1 - \ln 0{,}5 \approx 1{,}69$

e) $d(x) = 2e^{1-x} - \frac{2}{x}e^{1-x}$, $d'(x) = (-2 + \frac{2}{x^2} + \frac{2}{x})e^{1-x}$
$d'(x) = 0$: $x^2 - x - 1 = 0$, $x = \frac{1}{2} \pm \sqrt{\frac{5}{4}} \approx -0{,}62$
$Q(-0{,}62|10{,}11)$

f) $f'(x) = h'(x)$: $-2\frac{x+1}{x^2}e^{-x+1} = -2e^{-x+1}$, $x^2 - x - 1 = 0$, $x \approx -0{,}62$
Bei $x = -0{,}62$ verlaufen Straße und Küste parallel.
Das ist die Stelle mit dem kleinsten vertikalen Abstand.
Schnittwinkel der Tangenten mit der x–Achse:
Die Tangenten haben die Steigung $f'(-0{,}62) \approx -10{,}11$, d.h. der Steigungswinkel beträgt ca. 95,7°. Dann beträgt der Schnittwinkel ca. 84,3°

10. a) $x \to \infty$: $f \to 0$, $x \to -\infty$: $f \to -\infty$ 219
Nullstelle: $x = 0$, $f'(x) = (1-x)e^{2-x}$, $f''(x) = (x-2)e^{2-x}$, $f'''(x) = (3-x)e^{2-x}$
Extrema: $f'(x) = 0$ für $x = 1$, $f''(1) < 0$, $H(1|e)$
Wendepunkt: $f''(x) = 0$ für $x = 2$, $f'''(2) > 0$, RL–WP $W(2|2)$
Wendetangente: $t(x) = -x + 4$

b) $F'(x) = (x + 1 - 1)e^{2-x} = xe^{2-x} = f(x)$

$$A = \int_0^4 f(x)dx = [-(x+1)e^{2-x}]_0^4 = -5e^2 + e^2 \approx 6{,}71\text{FE}$$

c) $A(u) = u2e^{2-u}$, $A'(u) = (2u - u2)e^{2-u}$, $A''(u) = (u2 - 4u + 2)e^{2-u}$
$A'(u) = 0$ für $u = 0$ und $u = 2$, $A''(2) = -2 < 0$ Maximum

d) $d(x) = f(x) - F(x) = (2x+1)e^{2-x}$, $d'(x) = (1-2x)e^{2-x}$, $d''(x) = (2x-3)e^{2-x}$
$d'(x) = 0$ für $x = 0{,}5$, $d''(0{,}5) < 0$ also Maximum, $d(0{,}5) = 2e^{1{,}5} \approx 8{,}94$

219 11. a) $Y(0|1)$ und $X(-0{,}5|0)$, $f'(x)=(x+2{,}5)e^{0{,}5x}$, $f''(x)=(0{,}5x+2{,}25)e^{0{,}5x}$
Extrema: $f'(x)=0$ für $x=-2{,}5$, $f'(-2{,}5)>0$ also $T(-2{,}5|-1{,}15)$
Wendepunkte: $f''(x)=0$ für $x=-4{,}5$ $W(-4{,}5|-0{,}84)$

b) $t(x)=2{,}5\,x+1$
$d(x)=5e^{0{,}5x}<0{,}1$, $e^{0{,}5x}<0{,}02$ gilt für $x<2\ln 0{,}02=-7{,}82$

c) $A=\int_{-2}^{0}5e^{0{,}5x}dx=[10e^{0{,}5x}]_{-2}^{0}=10-10e^{-1}\approx 6{,}32\text{FE}$

d) $k(x)=(2x+1)e^{0{,}5(x+2{,}5)}$ entsteht aus g durch eine 2,5-Verschiebung nach links.

e) $A(x)=(2x^2-4x)e^{0{,}5x}$, $A'(x)=(x^2+2x-4)e^{0{,}5x}$, $A'(x)=0$ für $x=-1(\pm)\sqrt{5}\approx -3{,}24$

Abmessungen: 324m mal 207 m

f) $G(x)=(ax+b)e^{x/2}$, $G'(x)=(\frac{a}{2}x+\frac{b}{2}+a)e^{x/2}=(2x-4)e^{x/2}\Rightarrow a=4$, $b=-16$
$G(x)=4(x-4)e^{x/2}+C$
$\int_{-4}^{0}g(x)dx=[4(x-4)e^{0{,}5x}]_{-4}^{0}\approx -11{,}67$, Flächeninhalt: 11,67 ha = 116700 m^2

3. Trigonometrische Funktionen

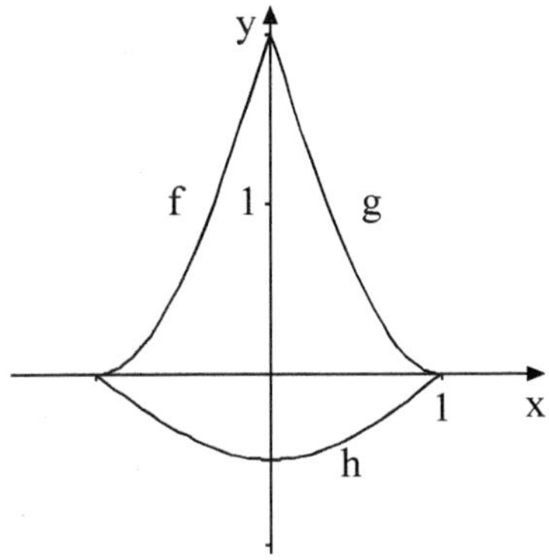

1. a)

b) $A = 2 \cdot \int_0^1 (g(x) - h(x))dx$ 221

$= 2 \cdot [2x + \frac{4}{\pi} \cdot \cos(\frac{\pi}{2}x) + \frac{1}{\pi}\sin(\frac{\pi}{2}x)]_0^1$

$= 2(2 + \frac{1}{\pi} - \frac{4}{\pi}) \approx 2{,}09$

c) $f(x) = 0: \quad \sin(\frac{\pi}{2}x) = -1, \quad x = -1$

$f(0) = a: \quad X(-1 \mid 0), \quad Y(0 \mid a)$

$g(x) = 0: \quad \sin(\frac{\pi}{2}x) = 1, \quad x = 1$

$g(0) = a: \quad X(1 \mid 0), \quad Y(0 \mid a)$

$h(x) = 0: \quad \cos(\frac{\pi}{2}x) = 0, \quad x = \pm 1, \quad h(0) = -\frac{1}{a}: \quad X(\pm 1 \mid 0), \quad Y(0 \mid -\frac{1}{a})$

$A(a) = \frac{1}{a} + a, \quad A'(a) = -\frac{1}{a^2} + 1, \quad A'(a) = 0: \quad a = 1 \quad (a = -1)$

Für a = 1 wird der Inhalt des Vierecks minimal.

2. a) Ansatz: $T(x) = a\sin(b(x+c)) + d$
Dem Graphen entnehmen wir:

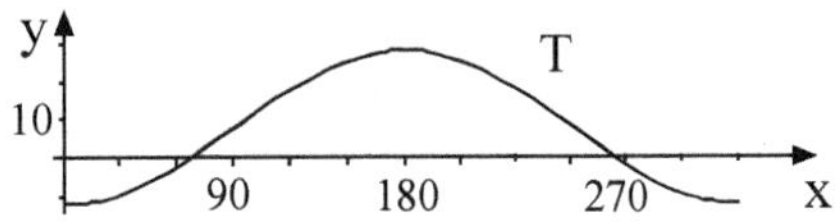

1. Periode: 360, also $b = \frac{\pi}{180}$
2. Amplitude: von -12 bis 28, also $a = 20$
3. Amplitudenmitte $y = 8$ bei $x = 90$,
also x–Verschiebung um 90, y–Verschiebung um 8

Resultat: $T(x) = 20\sin(\frac{\pi}{180}(x-90)) + 8$

b) $20 = 20\sin(\frac{\pi}{180}(x - 90)) + 8, \quad 0{,}64 \approx \frac{\pi}{180}(x - 90), \quad x_1 \approx 127$

Das bedeutet, dass vom 127. Tag bis zum 180. Tag die Tagestemperatur von 20° bis auf 28° zunimmt. Das sind 53 Tage. Aus Symmetriegründen folgen dann ebenso viele Tage mit abnehmenden Temperaturen, bis die Temperatur wieder auf 20° gefallen ist.
Resultat: Etwa an 106 Tagen wird die Grenztemperatur überschritten, der Kurort kann in das Programm aufgenommen werden.

c) $T'(x) = \frac{\pi}{9}\cos(\frac{\pi}{180}(x - 90)), \quad T'(240) \approx -0{,}3$

d) Der Ansatz $T'(x) = 1$ (bzw. -1) führt zu einem Widerspruch, das heißt, eine solche Temperaturänderung kann es nicht geben.